さよならSNS集客

350万円の壁をこえる
女性起業家がやっていること

起業家育成コンサルタント
吉田淑恵

はじめに～成功への近道ＳＮＳに頼らない起業の秘訣

「フォロワーがたくさんいるのに、なぜ売上が伸びないんだろう」

「毎日の投稿に追われて、本当にやりたいことができない」

「思うように稼げなくて、家事や育児との両立に悩んでいる」


そんなお悩みをお持ちではありませんか？

私もかつて同じ悩みを抱えていました。当時の私は13個の資格を持っており、ラーメン屋でパートをしながら認定講師として活動していました。

しかし、そのころは月に２万～３万円の売上しかありませんでした。

ＳＮＳで集客しようと毎日投稿を繰り返し、フォロワー数や「いいね！」の数に一喜一憂する日々。でも、どれだけがんばっても売上は一向に伸びず、ただ時間とエネルギーを費やしているだけでした。

そんな中、あるとき気づいたのです。

「起業を成功させるには順番が大事だ」と。

多くの女性起業家は、最初にSNSで集客をしようとします。持っている資格や商品のアピール、メニューの案内、イベントの告知などを投稿しますが、思うように反応が得られないことが多いです。

その原因は、ビジネスの基本である「売り方」を学ばないまま、いきなり売り込んでしまうことにあります。

2021年、フリーランス人口が約600万人も増加し、調査開始以後最大の上昇幅となりました（ランサーズ『フリーランス実態調査2021』）。女性の場合、多くは「会社員時代と同じか、それより少し上」ということで、月収30万円を目指すことが多いでしょう。

しかし実際には10万円にも満たず、平均年収は93・1万円（「小規模企業白書 第2部第

2節」）という数字なのです。

しかも、この数字は行政が把握しているものであり、申告していない方を含めれば実際にはもっと低いでしょう。

ビジネスにおいて大切なのは「おにぎり理論」です。

たとえば、家族が「お腹が空いた」と言ったら、「何が食べたい？」と聞きますよね。そして「おにぎりが食べたい」と言われたら、それに応えておにぎりをつくって出します。これがビジネスの基本です。

目の前のお客様のニーズを聞き、それに応えることが成功の秘訣なのです。

しかし、売れない人は「お腹が空いた」というサインに対して「ハンバーグはいかがですか？　私の得意料理です！」と、相手のニーズを無視して売り込んでしまいます。

多くの方が、ＳＮＳでこれをしているのです。

私はＳＮＳに疲れ果て、思い切ってＳＮＳをやめる決断をしました。それからは、週に2日だけ働き、自分の強みを生かしたサービスを提供しはじめました。

結果、売上が驚くほど伸び、半年後には売上350万円を超えるようになったのです。これは、身近な人のお困りごとを解決することで自然と信頼が生まれ、その信頼が売上につながったからです。

起業初期に必要なのは、SNSで広く浅い関係を築くことではなく、あなたを心から応援してくれる「ご贔屓さん」をつくることです。

ご贔屓さんは、意外にもあなたのすぐ近くにいます。まずは彼らの声に耳を傾け、彼らが本当に求めているものを提供することが重要です。

また、とくに子育て中のママ起業家に伝えたいのは「ママが稼げるようになると、子育ても格段に楽になる」ということです。収入が増えることで生活に余裕が生まれ、自己実現による自信や満足感が、子育てにもよい影響を与えます。

SNSに振り回されず、自分のペースでしっかりと稼げるビジネスを築くことこそが、家事や育児との両立を実現するカギなのです。

この本では、私が実際に経験した「週2日働いて年商350万円を超えるための具体的なステップ」や「子育てと両立しながら効率よく稼ぐための仕事術」を詳しく紹介しています。

さあ、一緒に、あなたの可能性を最大限に引き出し、ビジネスを次のステージに進めていきましょう！

第1章　稼ぐための「準備」をととのえよう

第2章 さよならSNS集客

第3章 高い商品・サービスは成功への最短ルート

第4章 稼げる・稼げないの違いを生む環境とは？

第5章 マインドセットして稼げる体質へ

装丁　大場君人

第1章

稼ぐための「準備」をととのえよう

1

できることからはじめよう

女性起業家あるあるで、起業する際に何かの認定資格を取るというパターンがあります。じつは、これが間違いの第一歩です。起業のために資格を取るということは、今できないことを仕事にしようとしている、ということです。

新しいことにチャレンジして、それがお金になるまでには時間がかかります。資格を取っただけではお金にはならないのです。

私も、13個の認定資格を持っています。当初は「資格を取ったらすぐに教室を開くことができて、すぐにお客様が来る」と思っていました。

ところが、そうはいきません。資格を取ってからそれを生かせるようになるまでには、経験を積む必要があります。できないことにお金は払ってもらえません。資格取得に励んでいたころの売上は月２万〜３万円でした。

お金になるのは、資格ではなくスキルです。

今できること、すなわち今までの経験をノウハウに変えて、商品やサービスをつくるほうが近道なのです。

ところが、多くの人は「普通の会社員をしていたので、自分にはとくにできることがない」もしくは「やれることはあるけど、それは個人での仕事にはならない」と思い込んでいます。

私の運営するビジネス塾の塾生、さゆみさんの例をお話しします。

彼女は、もともとヨガ講師をしていましたが、収入面での課題がありました。

その後、会社員時代に経験した経理のスキルを生かして、女性起業家向けの経理サポートサービスと、企業に対して経理担当者の育成サービスを提供しはじめました。

彼女は、これまでに約200人の女性企業家を支援し、さらには法人向けのサービスも受注するなど、自分にできることで楽しく納得の収入を得ています。

また、今までできなかったことを克服した経験からサービスをつくることもできます。じつは、私が月額30万円を超えたときは、二つの黒歴史から学んだことをサービスにしました。

一つめは医療ミスです。

私は20年前、臨床検査技師時代に起きた血液型の報告ミスが原因で、現場で働くことが怖くなり、医療業界を離れました。

二つめは子育ての葛藤です。

上の子の担任の先生から「この子はなんでもできるのに自信がなさすぎる」という指摘を受けました。それを解消するために親子のコミュニケーション、心理学や脳科学、NLP（神経言語プログラミング）を学びました。

その過程で、20年以上前のあのミスは、コミュニケーション次第でふせげたのだということに気がつきます。

この経験を生かし、医療業界や介護業界に向けて、ミスが怖いと思いながら働いている人を減らすために、人がやめない職場づくりというコミュニケーションの研修プログラムをつくり、年間１２０万円で３社から契約をいただきました。

このように、だれにでも今までの人生で経験してきたことがあります。それをお金に変えるほうが、自分の思いも乗り、強みも生かしやすいのです。

ですから、起業のスタートは、自分の経験を見つめ直すところからはじめましょう。

その見つめ直し、すなわち強みの棚卸しの方法については、のちほどくわしくお話しします。

2

いきなり退職しない！　仕事は続けて

起業を考える際に、会社員やパートなどの仕事をしている人には、その仕事を続けながら準備を進めることをおすすめします。

副業が禁止されている会社であっても、収入を得るまでは時間がかかります。

そのため「覚悟を決めて退路を断つ」「集中するために起業一本で」などはおすすめしません。

なぜなら、**収入がなくお金がない状態では、判断力も行動力も鈍《にぶ》る**からです。

起業は「決めて、動く」の連続です。

私が運営するビジネス塾でも「事業主の仕事は考えること」「意思決定の力が成功のカギ」と伝えています。

いろいろな人の意見や情報を取り入れつつ、自分で決めるようにしてください。

やるもやらないも「自分で」考えて決めることが重要です。自分で決めないと、思うような結果が得られなかったときに他人を責めてしまいます。

「あの人がこう言ったから」「そのとおりにしたのにうまくいかなかった」など、原因を外に求めるようになると、何も解決しません。気持ちが保たなくなりますし、逆にうまくいったときの達成感も得られにくいのです。

せっかく好きなことを仕事にしたのに、それではもったいないですよね。

意思決定には、大きな決断だけでなく、小さなことも含まれます。

たとえば、ママ起業家の場合、仕事と家族のバランスをつねに考えなければなりません。朝は何時に起きるか、お昼寝はするか、夜に仕事をするか……これらもすべて意思決定です。

また、何をするかだけでなく、何をやらないか、引き際を決めることも大切です。少し厳しいようですが、頼まれごとを断れず時間を浪費し、「これはやらなくていいのにな」と思うムダなことを続けるのも、自分の意思決定の結果です。

お金がない状態だと「これをやめたら収入が途絶えるのでは」といった恐怖心が生まれるのです。

そして、お金がないと行動力も鈍ってしまいます。

人に会いに行けない、損をしそうで一歩が踏《ふ》み出せない、お金の不安からヤル気がそがれるということが起こります。

事業をやめてしまういちばんの理由は「売上が立たないから」。せっかく起業したのに続けられないのは、とても残念です。そのとき、ほかに収入源があれば少し長い目で見て続けられます。

また、矛盾《むじゅん》しているようですが、専業主婦からの起業は、まずはパートに出ることにメリットもあります。

起業初期は、参考にする本を買ったり、必要であれば少額のセミナーを受けたりと、勉強資金がかかります。

さらに、家計に貢献《こうけん》していないと、夫から「何をしているの?」「それはいつまで続けるの?」「そんなことするならパートに出たら?」などと言われてしまうケースもあります。

自分の負い目をなくすためにも、月に3万～5万円くらいの収入を確保したほうが、起業のための活動がしやすくなります。

ただし、起業に使える時間はある程度確保したいので、週2～3日、一日3時間くらいの短い時間のパートがいいでしょう。

3 資格取得よりもオリジナルサービス

前回も触れましたが、起業は「自分のできることからはじめること」が大切です。今回はとくに、資格を取得することのデメリットに焦点を当ててみます。

じつは私自身も、起業をするために多くの資格を取りました。「だれかのお墨つきをもらいたい」「資格がないと教えられないんじゃないか」と思ってのことでしたが、それには多くのデメリットがありました。

デメリット①決定権を他人ににぎられてしまう

認定講師になるということは、あなたの事業の重要な決定権を他人ににぎられるということです。価格も協会で決められていて、サービス内容の変更も制限されてしまうので、長期的にビジネスの自由がなくなります。

また「協会のリーダーが変わる」「商品ラインナップが変わる」など、自分ではどうにもならない要因で、売りものが突然なくなるリスクもあります。これでは、思うように売上を伸ばすことも、やめる・やめないの判断をすることもできません。

デメリット②相場に価格が左右されてしまう

職種によっては、相場感で価格が決まってしまうということもあります。たとえば、税理士さんの場合、税理士資格を持っていないとできない業務があるので、資格が必要です。

ところが、価格という点では残念なこともあります。私の知り合いの税理士さんが言うには、コンサルティング業をしようと思ったときに、「税理顧問料は３万円から５万円くらいだよね」と相場から価格の判断をされてしまうそうです。

税務処理とは別の内容で、本当は月15万円くらい欲しいのに、資格の相場に引っ張られて高い価格を提示しづらいということがあります。

デメリット③お客様が競合へ流れやすい

同じ協会の講師との差別化が困難なことも、問題点としてあげられます。一度あなたのサービスを受けたお客様が「同じサービスならば、ほかの講師からも受けてみたい」と、違う講師に流れることがあります。

せっかくつながったお客様とのご縁も、つながるまでにかかった時間や労力も水の泡。くやしい思いをすることになります。これはあなたとお客様の関係性がよっぽどつくられていない限り、起こりえることです。

デメリット④オリジナル商品がつくりづらい

だれかのコンテンツを売るということは、いざオリジナル商品をつくろうと考えた際にも足かせになります。

その分野について一つの協会だけで学んで、その協会の商品だけを売っている場合、知識の源がその協会だけ、というパターンも多いです。

じつは、完全にオリジナルな商品を持っている人は、ほとんどいません。

なぜならオリジナルは、自分の知識の「編集」によってつくられるからです。自分の知識や経験、独自の見解から生まれるもので、これによって他人が簡単に真似できない独自の価値を生み出すことができるのです。

ところが、認定講師だと、オリジナル商品をつくろうとするときに、その協会の商品を組み合わせただけのものになりがちです。

この状況でオリジナル商品をつくると、「これは私のオリジナルと呼べるのか？　パクリって言われたらどうしよう」という不安がつきまとうのです。

これから3年、5年、それ以上と、長く続けていきたいならば、オリジナル商品やサービスは必須です。意思決定の自由はビジネスの成功に直結しています。

あなたには、あなたならではの武器があるはずです。だれかの商品を売るのではなく、あなたの強みやスキルを生かしたサービスで事業をしていきましょう。

4 大金ではなく「納得の報酬」を目指そう

もしかして、売上が多い人が成功者で、尊敬に値すると考えていませんか？

でも実際には、売上だけで人の価値が決まるわけではありません。

ビジネスで大切なのは、どれだけの売上を上げるかよりも、自分の理想の働き方をしながら、納得できる報酬を得ることです。

多くの人が、起業するとき「自分のキャリアやスキルを生かしたい。そして、だれかの役に立ちたい」という思いではじめます。この本を読んでいるあなたも、そうかもしれませんね。

これは、自分の経験や知識をだれかに役立てることができる喜びが、原動力になるからです。

ところが実際に事業をはじめると、売上や利益を追い求めるあまり、本来の目的を忘れてしまうことがあります。

「寝ているあいだにチャリンチャリン」のような状態にあこがれるかもしれません。でも、今それを実現できている人たちだって、最初から楽をしていたわけではなく、その状態に至るまでには、長い時間とエネルギーを投じて努力してきたのです。

また、楽に稼いだお金には、満足感が少ないことが多いです。自分の力で得た報酬こそ、心から満足できるものです。

そして、**そのような心から満足できる働き方をするためには、自分の売上に限界を設けないことが大切**です。

「年収800万円以上は幸福度が変わらない」という調査結果を聞いたことがありますか？

自分の収入を「これくらいで十分」と考える人は、自分や家族のためだけにお金を使うことを考えているのかもしれません。

私は、自分の理想を実現するために必要な額以上の収入を得たら、それを社会に貢献するために使うべきだと思います。

そうすることで、仕事を通じて得られる満足感がさらに深まり、人生も豊かになります。**自分のスキルを生かして社会に貢献しながら、好きなことを仕事にすることで、納得のいく報酬を得るなんて、すばらしい人生だと思いませんか？**

また、起業した理由の一つには、単に生活のためではなく、自分の好きなことを仕事にしたいという自己実現の要素もあったはずです。

仕事を通じて自己表現をおこない、達成感や満足感を得ることが、人生の充実感につながります。

ビジネスの成功は、単に収益を上げることだけでなく、自分の夢や目標を実現する手段でもあるのです。

せっかく起業したのですから、売上や利益にこだわるだけでなく、**自分の理想に沿った働き方をしながら、社会に還元することが、より充実した人生を送るためのカギ**です。

事業主って、「ありがとう」と言われながらお金ももらえるという、すばらしい働き方を実践できます。

だからこそ、起業した当初の目的を忘れず、だれかの役に立ちたいという思いを持ち続けることが大切です。

5

「理想のロールモデル」より「なれる自分」

理想の人を目標にすることはよくありますね。

「あの人みたいになりたい」と感じることは、だれにでもあるでしょう。

じつは、**脳は「あの人みたいになりたい」と思えば思うほど、無意識に「自分はあの人とは違う」と感じてしまう**という特徴があります。

すると、自然とあの人とは違う行動をとってしまうことがあるのです。

「あの人みたいに」という気持ちは、ほかの人と自分を比べている状態です。

もし、あなたが他人と比べると落ち込んでしまうタイプなら、比べる相手をつくらないほうが、モチベーションを保ちやすいでしょう（逆に、比べることでやる気が出る人なら、問題ありません）。

また「成功している人の真似をしよう」と言われることもありますが、これには注意が必要です。

理想のロールモデルを見つけるとき、多くの場合、自分よりもかなり上の人を想定します。でも、その人とあなたでは、スタート地点も、今の状況も、目指すゴールも違うはずです。

長い時間をかけて努力してきた人と、起業をはじめたばかりのあなたでは、うまくいくために必要な行動が違うのです。

たとえば、影響力のあるビジネスモデルをつくり上げた有名人の話を、本やYouTubeで知ったとしましょう。

そのビジネスモデルがすばらしいと感じて、「私も月額1000円のオンラインサロンをはじめよう！」と思うかもしれません。

でも、同じようにうまくはいかないでしょう。

なぜなら、今のそのビジネスモデルは、現在のその人に合ったものだからです。


もし真似をするなら、その理想の人があなたと同じステージだったころに、どんなことをしていたのかを調べてみてください。


できれば、直接聞いてみるのがいちばんいいです。

「知恵の輪の解き方は、知恵の輪を解いた人に聞け」という言葉があるように、成功した方法やうまくいかなかった方法を教えてもらうことで、自分にとっていい結果が得られるでしょう。

その人たちが20年かけて学んだことを教えてもらったら、あなたは10年で同じことができるかもしれません。


その上、仮に10年でうまくいきそうだとしても、あなたにその10年の時間があるかどうかも考える必要があります。

また、その人たちはビジネスをはじめたとき、すでに知名度があったかもしれません。そもそも、人生の背景や方向性、基礎知識、基礎体力も違うのです。

起業をしたなら、あなたらしさを生かしてビジネスをするべきです。成功しているあの人とあなたでは、求めてくれる人（わたしは「ご贔屓《ひいき》さん」と呼んでいます）が違うこともあります。

まったく同じことを真似するのではなく、たくさんの例を見て、その中から自分に響いたものを取り入れ、あなたらしいビジネスをつくりましょう。

6

「やりたいこと」より「求められること」が重要

起業にまつわる事柄を、

①やりたいこと
②やれること
③求められていること

この三つに分けたとします。

女性起業家さんがやりがちなのが「①やりたいこと」と「②やれること」の重なりで

起業をすることとです（もしくは「①やりたいこと」と「やれないこと」の重なりで起業する場合もあります）。

私は「①やりたいこと」というのは、もう少し後でもいいかなと思っています。稼げるようになったら、いくらでも好きなことができます。

起業をした後でいちばん重要なのは続けていくことです。そのためには、活動資金を稼いでいくことが必要で、まずは即金を得ることを最優先しましょう。

すぐにお金になりやすいのは、「②やれること」と「③求められていること」の重なりです。ニーズのない商品を世に出してもだれも買いません。

さらに厳密に言うと、ニーズというのは市場のニーズというよりも、「あなたが」求められていることです。なぜならば、個人で事業をしていると「あなたから買いたい」という、あなたの人柄やキャラクターが売上に大きな影響力を持っているからです。

まず何かを提供するのに必要なことは、自分が体現していること。これが「②やれること」で、いわゆる「それを語る資格」です。

たとえば、すごく太っているのにダイエットの先生をやっていますとか、まったく稼げていないのに起業塾をやっていますとか、精神的に全然安定していないのにメンタルサポートをやっていますとかいう人からは、お金を払ってまで受けたくないですし、受けても成果が出ません。

このことから、資格を持っているだけでは「②やれること」にはなりません。

そして「③求められていること」として、お客様からの「選ばれる理由」が必要です。「なぜこの人から買うのか？」という理由が必要で、それは人それぞれに違います。

私は、仕事をしたい、稼ぎたいお母さんからは選ばれる理由がありましたが、売れない講師時代にしていたセミナーの対象者である「ガミガミ育児で困っているお母さん」からはキャラ的に、選ばれる理由がありませんでした。

だれにでも「ご贔屓さん」はいるので、そこにちゃんと投げかけることが必要です。

起業すると、みんな「相思相愛のお客様と仕事がしたい」と言います。

しかし、はじめから相思相愛は求めないことです。自分が相手を好きか嫌いかにかかわらず、あなたのことを好きな人をお客様にしましょう。

たとえば、私はアイドルオタクをしていますが、アイドルは私のことを知らないので好きではありません。でも、私は好きだからお金を払う。そういう関係です。だから、相思相愛でなくてもいいです。

お客様を選ぶのは、稼いでからでいいです。自分のことを求めている人に、求められているものを提供することが大事です。だから、やりたいことよりも求められていることが重要です。

ただし、やりたいことは後回しといっても、「求められていることを手あたり次第やるのか？」と言われると、それもまた、違います。それには「ある範囲内で」という前提があるのです。

その前提については、次にお話しします。

7 稼げる人は行動に一貫性がある

前回は「やりたいことよりも、求められることが重要」という話をしました。

ただし、求められることを手あたり次第にするのではなく、「ある範囲内で」という前提があります。今回は「稼げる人は行動に一貫性がある」という話です。

稼げるようになる人は、ほかの人から見て「その人が何をしているのか」がはっきりわかります。

女性起業家によくあるのが「何屋さんかわからない問題」です。「あれもやれます、これもやれます、なんでもやれます」というなんでも屋さんになってしまいます。

その結果、「何をしている人かわからない」と思われると選ばれません。

売れる人は、困ったときに思い出してもらえます。

たとえば、お腹が空いて「おそばが食べたいな」と思ったときに「あのおそば屋さんのおそばが食べたい！」と思い出してもらえると、そのおそば屋さんに行きます。

必要になったときに思い出されないと、来てもらえない、買ってもらえない、頼んでもらえません。

そのため、何屋さんかわからない人はなかなか売れづらいのです。

さらに、人が何かを買うとき、信用できない人からは買いません。あえてあやしい人から買おうとは思いませんよね。

その信用を生むためには「行動にブレがない」ということが重要です。軸がしっかりしていると、そこには専門性が生まれます。

おそばが食べたいと思ったときに、ファミリーレストランでもおそばは食べられますが、おそば屋さんがあればそちらに行くでしょう。

おそば屋さんが少し遠くても行くかもしれません。

では、軸をしっかりさせるにはどうしたらいいのでしょうか？
そのためには、ビジョンを明確に描くことです。

ビジョンとは、自分の実現したい世界です。自分がかなえたい世界を明確にすることで、それを実現したいという強い思いがわいてきて、そこに到達するための手段を選ばなくなります。

手段を選ばないというのは、手当たり次第にするという意味ではなく、いろんな方法を考えるということです。

あの手この手で、ビジョンを実現していくのです。

それと同時に、ビジョン実現に関係ないことはしなくなります。行動の判断基準、行動の起点が定まると、一貫性が生まれます。

これは船の錨《いかり》のようなものです。錨がないと船は波にさらわれて流されてしまいますが、錨が下りてロープにつながっていれば、ロープの届く範囲内での揺らぎになります。

もちろん、事業をしていく上でいろんなチャレンジをしますが、ロープの範囲内のブレは、外から見たときにそんなに揺らいでいるようには見えません。

逆に、ビジョンがうまく描けていないと「あれはやりたくない、これはやりたくない」となります。

「好きなことを仕事にする」ということは、目の前にあるイヤなことや苦手なことを避けることではありません。自分のビジョンの実現に必要であれば、多少苦手意識があっても、それはそんなに嫌いなことではなくなるはずです。

このように、ビジョンを明確に描くと一貫性が生まれます。起業初期の準備段階でしっかりと文字化し、どんな世界をつくりたいのかを明確にすることで、専門性が生まれ、思い出してもらいやすくなります。

8

稼げる人は「インプット重視」

起業を成功させるためには、インプット（学び、知識、情報収集）とアウトプット（行動）のバランスが重要ですが、とくに初期段階ではインプットが非常に重要です。

もちろん、インプットだけでは稼げるようにはなりません。行動しなければ結果は得られないのは事実です。

とはいえ、野球選手が崩れたフォームでどれだけ素振りをしてもうまくならないように、ただ行動あるのみでガムシャラにやっても、望む結果が得られずにつかれてしまうばかりか、ケガをするおそれもあります。

ビジネスでも同じように、正しいインプットはムダな努力を避け、効率的に結果を出すことができます。

インプットするべきは、方法と判断基準です。うまくいかない原因は、行動の量が足りないか、やり方が間違っているかのどちらかです。

行動量が足りないかどうか、やり方があっているかどうかは、基準を知らないと判断できません。

基準を知らないと間違えるだけではなく、成功にも気づけません。

そのため、その後の対応策や気持ちも変わってきます。

「十分やっているはずなのに結果が出ない」と、やめてしまった人の中にも、じつは量が足りないだけだったというケースもしばしばあります。

たとえば、メルマガで告知やセールスをする際「100人のリストに対して1件売れれば成功」という判断基準があります。

つまり、5件売ろうと思ったら、メルマガ読者が500人必要だ、というのが通常の基準です。

では、ここで基準を知らずに「100人も読者がいるのに1件しか売れない!」=じつは現状ではうまくいっているのに、失敗していると解釈してしまうと、どうなるでしょうか?

「タイトルが悪いのか?」「告知文がわかりづらいのか?」と誤った改善を繰り返してヘトヘトになり、努力がムダになる可能性があります。

しかし、それが十分成功している数だとわかれば、モチベーションも下がらず、「5件の成約を目指すならば、リストは500件必要。次はリストを増やそう」という正しい行動に移せるのです。

また、やり方が間違っているパターンには、もともとの方法が間違っている場合と、やる順番が間違っている場合があります。

具体的な方法については、今は情報があふれている時代です。起業家育成をしていく中で、大きく外れている人は少ない印象です。

ところが、「今やるべきこと」がズレている人には、しばしば出会います。なにが今の最重要なことかを見誤ると、成果が出づらいです。

起業の成功は、順番が９割。全体像を把握《はあく》し、今の自分が何をすべきか、現在地を知ることが重要です。

限られた時間やリソースの中で、今すべきことを、必要な分だけ効率よく行動することで、理想の働き方に近づきます。

9

形から入らず「スモールステップ」から

起業をする際、多くの人が見落としがちなのが「手元に残るお金」の重要性です。広告やほかの起業家さんの発信で「月商7桁達成！」などといった、売上にフォーカスしたものをよく見かけるので、つい売上を上げることに目が向きがちです。

しかし、実際には売上よりも利益を重視する必要があります。

売上がないうちは固定費をおさえましょう。

固定費とは、売上に関係なくかかる費用のことです。

たとえば、エステサロンやネイルサロンをはじめる場合、いきなり場所を借りてしま

う と家賃が毎月かかります。売上がまだ安定していない段階で固定費を増やすと、経営が圧迫される原因となります。

今では、フリースペースや時間貸しのサロンも多く存在しているため、必要なときだけ場所を借りることもできます。

ハンドメイド商品の販売などをする場合も、材料費や道具の仕入れは必要最低限にし、大量仕入れは避けましょう。単価を考えると、一度にたくさん仕入れたほうがお得に感じますが、さばけなければ結局は損します。

また、受注生産を取り入れることで、お客様の要望に応じた商品を提供できるメリットもあります。

さらには、販売価格から材料費を差し引いた利益をしっかりと計算し、自分の人件費も含めて価格設定をおこなうことが重要です。

事業を続けていくには、出ていくお金と入ってくるお金を、つねに把握する必要があります。

そのために、まずは、出ていくお金の項目をすべて書き出し、それぞれの費用を確認してください。

その上で、自分の商品やサービスの単価を書き出し、売上シミュレーションをおこないます。

このとき、収益から費用を引いたものが、手元に残るお金です。

そして、**個人の生活費と事業のお金をしっかりと分けて管理することも大切**です。

お財布を別々にするだけでも効果的です。別にお財布自体を買う必要はありません。チャックつきの袋で十分です。

さらに、事業用の銀行口座を開設し、事業経費と個人経費を明確に分けることが望ましいです。

これにより、収支の管理がしやすくなります。

なかには家計簿をつけていない人もいると思いますが、事業の帳簿だけは正しくつけるようにしましょう。

お小遣い帳のような簡単な形式でも構いませんし、エクセルを使うと計算が容易になります。お金の管理をきちんとすると、売上も伸びます。

食べたものや毎日の体重を記録するレコーディングダイエットと同じように、お金の記録をつけるということは、日々意識を向けること。コスト意識を持つだけで手元に残るお金は増えます。

起業の初期はコストを下げるほうが簡単です。売上はコントロールできない部分がありますが、出ていくお金は自分でセーブできます。

起業を成功させるためには、まず固定費をおさえることから。形から入るのではなく、できる範囲で、身の丈にあったステップで進めることが重要です。

お金の管理をしっかりとおこない、着実にステップを踏んでいくことで、長期的な成功を目指しましょう。

10
「文字化」して見える形で思考を整理

起業して活動していくと、うまくいかないときに気持ちが焦ることや、何をしていいかわからないモヤモヤが生まれることがあります。これは、やるべきことが明確になっていないことが原因です。

そんなときには、やるべきことを文字に書き出すことで、モヤモヤを解消することができます。

「言語化」という言葉をよく聞きますが、単に言語化するだけでは、思考の整理が不十分なことがあります。

たとえば、話しているあいだに、「何を話しているのかわからなくなってしまった！」なんて経験はありませんか？

それは言語にしているものの、整理されていない状態です。これを文字にすることで、思考の整理がしやすくなります。

文字にすると、その内容は消えません。読み直したり書き直したりすることができるのです。

書くよりも話すほうが得意だという人は、録音や録画をして、それを文字に起こすといいでしょう。最近はパソコンやスマホのアプリなどで簡単にできます。聞いてくれる人がいる場合は、その人にメモを取ってもらうのもいい方法です。

ここで、思考を整理するための手順を紹介します。これは私がコンサルティングをおこなう際にも使っている方法です。

事業を進めていく上でとても重要な基礎的な部分です。準備段階だけでなく、これから先もずっと続いていく話ですので、ぜひ参考にしてください。

STEP①テーマを明確にする

まず、何について考えたいのかを明確にします。テーマを決めることで、思考が散漫になるのをふせぎます。

「○○を○○するには」という形式でテーマを設定すると考えやすくなります。

STEP②現状を整理する

次に、現状を整理します。何も知らない人に説明するつもりで、箇条書きや「マインドマップ」を使って書き出します。書いた後で、事実と解釈を分けてマークするとさらに効果的です。事実は数字で表せるもの、解釈は気持ちや考え方です。

事実がよくて、解釈が悪いというわけではありません。思考の整理は、感情の整理でもあるからです。わけることで、対策を考える手がかりとなります。

STEP③理想の状態を描く

現状を整理したら、次に理想の状態を描きます。

自分がどうなったらハッピーなのかを具体的に考え、書き出します。

STEP4④現状と理想のギャップを見つける

現状と理想のギャップを見つけ、そのギャップを埋めるためには何が必要かを考えます。必要なものは、人、物、お金、時間、能力などさまざまです。

この四つのステップは、メンターの和仁達也先生に教わった手法を、簡単にアレンジしたものです。思考の整理には文字化がポイントです。文字にすることで、見える化が進み、モヤモヤが晴れます。

こうすることで、あなたの事業もきっとうまくいきます。

11 自分の「強み」を見つけて「ウリ」をつくる

「強み」という言葉をよく聞きますよね。

多くの起業家は、自分の強みを知ることが成功のカギだと思っています。

一般的に言われる強みとは、あまり考えなくても自然にできること、つまり「息をするようにできること」です。


でも、ほとんどの人は、自分の強みを正確に把握できていません。

むしろ、自分の強みだと思っていることが、じつはそうではない場合もあります。

何かが「得意だ」と感じていても、それが本当に強みなのかどうか、自分では判断しにくいことがあるのです。だから、間違った自己認識のまま努力を続けて、なかなか結果が出ないということが起こります。

私自身も、細かいことが好きで、ていねいに作業することが自分の強みだと感じていました。実際に、ハンドメイドの教室を開いたときには、この強みがとても役立ちました。でも、それがいつも役立つわけではありません。

たとえば、以前ラーメン屋でパートをしていたとき、私はお皿を「ていねい」に洗っていたのですが、店長から「皿洗いがおそい！」と怒られたことがあります。洗い場では、スピードが大事なので、ていねいさは強みにはならなかったのです。

このように、強みが適切かどうかは、状況や相手によって変わります。

ビジネスの世界では、これらの「強み」を「才能」と呼ぶこともあります。**才能だけではビジネスに生かすのは難しく、そこにスキルが必要**です。

たとえば「営業力」が強みだと言えるのは、社交性や積極性といった「才能」に、ヒアリング力や商品理解などの「スキル」が組み合わさって初めて成り立ちます。

才能だけでも、スキルだけでも、結果を出すのは難しいのです。

私の講座では、この才能とスキルが組み合わさったものを「ウリ」と呼んでいます。ウリとは「お客様の目的を達成するために役立つ特徴」のことです。


強みとは違い、ウリには必ず相手がいます。だれに、何を、どうやって提供するかが重要で、その相手にとって価値があるものがウリとなるのです。


ウリは、相手の目的によって変わります。

たとえば、いそがしいお母さんが「食事が手抜きになってしまっている」という悩みを持っている場合、時短料理を教えることがウリになるかもしれません。

でも、そのお母さんが本当に求めているのが、家族の協力を得る方法や、手抜き料理に対する罪悪感を軽くする方法だとしたら、時短料理はウリにはなりません。

だから、**自分の強みを見つけて生かすには、まず第三者からのフィードバックを受けること**です。その上で、自分の才能をしっかり理解し、お客様の本当の目的を見極め、スキルと組み合わせることが大切なのです。

第2章

さよならＳＮＳ集客

1 まずは売り方！　SNSや有料広告は後回し

女性が起業をすると、多くの人が真っ先にSNSでの集客を考えます。Instagram やLINE公式アカウントの使い方を学ぶセミナーに参加することが一般的ですが、じつはこれがいちばんの落とし穴なのです。

起業のはじめにまず取り組むべきは、SNS集客ではありません。SNS集客が効果的でない理由は、事業の軸が整っていないからです。事業の軸が整わないと、発信の内容がブレてしまい、どれだけがんばっても効果は出ません。

まずは自分の事業について、次のことを明確にする必要があります。

①対象者の特定…だれに向けたサービスなのか？
②対象者の問題点…その対象者は何に困っているのか？
③解決後の姿…対象者がどんな状態になるのか？
④提供する価値…どのような価値を提供するのか？
⑤事業の目的…なぜこのサービスを提供するのか？
⑥選ばれる理由…なぜ私から買う必要があるのか？

これらが明確になっていない状態でＳＮＳ発信をしても、反応が得られないばかりでつかれ果てて、起業自体をやめてしまおうと考える人さえいます。

有料広告を使ったとしても、選ばれる理由がなければお金をムダにするだけ。とくにＳＮＳのアルゴリズムは頻繁《ひんぱん》に変わるため、起業初期の段階で労力をかけるのは非効率です。

ＳＮＳはモノを売る場ではなく、認知を広げる場です。ＳＮＳでつながった後には、見込み客が購入ステップへ進む仕組みが必要なのです。この仕組みが整っていないと、お客様もどうやって買っていいのか購入方法がわからないからです。

購入ステップには、メルマガやＬＩＮＥ公式アカウント、商品ページやホームページなどがあります。しかし、これらの道具をそろえただけで売れるわけではなく、売れる商品であることはもちろん、相手にとっての価値を伝える内容が必要です。

ここまで読んで「そうか！　仕組みづくりか！」と思われた方も多いかもしれません。仕組みも大切ですが、それ以上に大切なものがあります。それが、信頼です。商品が売れるには信頼関係が不可欠。ＳＮＳで広く知らない人に売ろうとすると、信頼をゼロからつくる必要があります。

これには時間も労力もかかります。友だち30人と知らない人30人に届けた場合、売れる率や数はまったく違ってきます。

起業を成功させるためには、以下の手順でステップを踏んでいきましょう。

①マインドをととのえる…会社員時代の「雇われマインド」から事業主としての考え方にシフトする。

②事業の軸をととのえる…何を軸に事業を進めるのかを明確にする。

③**環境をととのえる**…道具や周囲の人々の環境（だれから、だれと一緒に学ぶのか）をととのえる。
④**ビジネスの基礎を学ぶ**…商品設計やビジネスモデル、セールスの基本姿勢を身につける。
⑤**サービスの具体化**…提供するサービスを具体的に用意し、売れる仕組みをととのえる。
⑥**集客**…ここまでできてはじめて集客をおこなう。

いかがでしょうか？

「売り方」とは「買われ方」です。すべての商品サービスは、売れることから逆算してつくります。自分の事業主としてのあり方をととのえ、必要としている人へ適切な価値を届けた対価として、お金をいただくことになります。

集客は売れるものができてからおこなうべきです。最初は手売りからはじめ、信頼関係のできている身近な人の困りごとを解決することからスタートしましょう。

2

集客思考を捨てて オリジナルの高単価商品を持つ

ビジネスをはじめる際に、多くの人がおちいりがちなミスの一つが、集客にばかり力を入れて、肝心の商品・サービスをおろそかにしてしまうことです。

理想の売上を得るには、欲しい額に見合った売れる商品を持つことが重要です。

まず、売上がどのように構成されるかを確認しておきましょう。売上は以下の四つの要素から成り立っています。

売上の方程式…売上 ＝ 単価 × 見込み客数 × 成約率 × リピート率

「見込み客」とは、簡単に言うと「買ってくれそうな未来のお客様」です。

購入後は「顧客」となります。これらの要素が掛け合わさって売上が決まります。

そして、**この方程式が成り立つためには、まず商品が存在することが前提**です。

ここで、月に30万円の売上を目指す場合を試算してみましょう（ここでは新たに売り出すと仮定して、リピートは０％とします）。

単価が３０００円の商品であれば１００人に売る必要があります。

売上30万円＝単価３０００円　×顧客数１００人

成約率（セールスをした人の中で購入した人の率）が50％だとすると、２００人にアプローチしなければなりません。

売上30万円＝単価３０００円　×見込み客数２００人　×成約率50％

週5日働くとして月20日稼働。毎日10人の新規顧客にセールスをおこなうのは非常に大変です。

一方、単価が30万円の商品であれば、月に1人に売るだけで目標達成です。単価15万円の商品ならば2人。

売上30万円＝単価30万円　×顧客数1人
売上30万円＝単価15万円　×顧客数2人

成約率が同じ50％だとすると、月に2～4人にセールスをすればいい計算になります。これなら、見込み客数をむやみに増やす必要がなく、はるかに効率的に収益を上げることができます。

このように、低単価の商品を大量に売ろうとする戦略は、大手企業ならともかく、個人の起業家には向いていません。

とくに、家事や育児をこなしながら仕事をするママ起業家の場合、使える時間は限られています。そのため、低単価商品で会社員時代くらいの収入を得ようとするのは現実的ではありません。

月の売上30万円以上を目指すなら、オリジナルの売れる高単価商品を持つことが最優先です。なぜなら、売上の方程式の四つの要素の中で、もっとも上げやすいのが単価であり、単価は自分で決められるからです。

ほかの３要素、見込み客数や成約率、リピート率は相手の意思が関わってくるため、自分だけで完全にコントロールすることはできません（認定講師の場合は、この単価すら自分で完全には決められないので、やはりオリジナル商品というのは重要です）。

高収益の商品を持つことで、少ない顧客数でも十分な収益を上げることができます。集客に力を入れる前に、まずは自分の商品をしっかりと見直し、単価を上げる工夫をしてみましょう。

3

広げない。「ターゲットは狭く」で正解

自分の商品について発信するとき、ターゲットを広げたほうが多くのお客様を獲得できるのではないか、と考えることがあるかもしれません。

多くの女性起業家が、ターゲットをしぼることに対して不安を感じています。ターゲットをしぼると、対象となる人が少なくなるのではないかと心配するのです。

しかし、それは間違いです。

むしろターゲットをしぼることで、実際にはより多くのお客様を引きつけることができます。

たとえば「◯◯のための」とターゲットを明確にすることで、専門性が生まれて、その商品やサービスが特定の困りごとを解決するものであると感じてもらえます。「これは自分のための商品だ」と感じてもらうことで、興味を持ってもらいやすくなります。

また、ターゲットをしぼることで、その人が何に困っているのかを明確に分析したり理解したりしやすくなります。これにより、より的確なアプローチが可能になり、信頼関係を築くことができます。

ターゲットをしぼる際には、以下の二つの方向からアプローチします。

アプローチ①属性やカテゴリー

年齢、地域、職業、役割などの属性やカテゴリーを考えます。

たとえば「子育て中のお母さん」といった広いカテゴリーではなく、「3歳以下の子どもを持つお母さん」といった具体的な属性を設定します。

アプローチ②心理状態や困りごと

ターゲットの心理状態や、具体的な困りごとに焦点を当てます。

たとえば「子どもの抱っこで腰が痛《いた》いお母さん」といった具体的な問題に焦点を当てることで、ターゲットにとっての商品の必要性が明確になります。

そして、ターゲットをしぼる際には、実在の人物をモデルにすると効果的です。

理想的な顧客像を架空で描くのではなく、実際に存在する人をモデルにすることで、より具体的なターゲット像を描くことができます。

まずは、あなたの商品を買ってくれそうな人、あなたがご自身のサービスで課題を解決してあげられそうな人を、1人選びましょう。そして、その人の困りごとやそれが解決した理想の姿を書き出しましょう。

最後に、私のビジネス塾のターゲットを例にあげておきます。

属性やカテゴリー

- 起業して3〜5年の女性起業家
- 認定講師など、ほかの人のコンテンツを売っている人
- 扶養を抜けたい人（現在は月収10万円以下）

心理状態や困りごと

- がんばっているのに売上が伸びない
- セールスに苦手意識がある
- 週2〜3日働いて月収30万円を目指したい
- 自分の強みを生かして自由に働きたい
- 子どもや家族との時間を大切にしたい

どうですか？

「これは私のことだ！」と感じた方もいるのではないかと思います。

あなたもぜひ、ターゲットをしぼって、効果的なビジネス戦略を実践してみてください。

4

友だちに売ろう。「知らない人」をアテにしない

ビジネスをはじめると、ＳＮＳで集客して知らない人に売ろうとする女性起業家が多いのはなぜでしょう。

この理由の第１位は「友だちに商売したくないから」。

女性起業家の多くが友だちに売りたくない理由には、以下の三つがあげられます。

理由①セールス＝悪いものという思い込み

多くの人がセールスについて学んだことがないため、セールスとは「売り込み」「押し売り」などの迷惑なものと、セールスに対してマイナスなイメージを持っています。

売り込まれていないセールスは、あまりにも自然なため記憶に残りにくく、記憶に残っている間違ったセールスに対する印象だけが、ネガティブなイメージをつくっています。

理由②不要なものを売る罪悪感

多くの人が、相手が自分の商品を必要としていないことに、薄々感づいています。相手に不要なものを売りつけることは罪悪感を生みます。

逆に、お医者さんが診断して処方する薬は売り込みと感じないのは、相手の現状と困りごとを把握して、必要なものを差し出しているからです。セールスはマッチングであり、相手にとって必要なものだけを差し出すことが大切です。

理由③商品への自信の欠如

自分の商品やサービスに自信がない場合も、友だちに売ることを躊躇《ちゅうちょ》します。身近な人が困っているときに、自分の商品が役立つと確信しているなら、紹介することには躊躇しないはずです。

セールスは「相手の困りごとと、自分の持つ解決策のマッチングの場」です。
これを前提にできると、友だちに売ることには多くのメリットが見えてきます。

メリット①信頼関係が構築できている

購入ステップのいちばんのハードル「信頼関係の構築」が、友だちとのあいだにはすでにできているため、買ってもらいやすいです。
また「同じ商品、どうせ買うならば友だちから買いたい」と、信頼している人から買いたいという心理が働くため、応援してもらえます。

メリット②お客様の声がもらいやすい

近くにいる友だちは、サービスを利用した後のフィードバックが得やすいです。ポジティブな意見だけでなく、率直なフィードバックももらいやすく、商品やサービスの改善に役立ちます。

メリット③いい紹介につながりやすい

友だちの紹介で来るお客様は、次のお客さんとしても信頼できることが多いです。友だちの紹介は信頼性が高く、良質なお客様を呼び込みやすいのです。

メリット④雑談で自然なＰＲができる

友だちとの雑談の中で、さりげなく自分の商品やサービスを紹介することができます。

たとえば、私がアイシングクッキーの認定講師だったとき、ママ友とのお茶の席で「今、講師養成講座に通っている」というお話をしました。すると「講師になったら教えてね」と言われ、親子１組５０００円の講座を開催したところ、30名の親子が参加してくれました（もちろん、このころはまだ、ビジネスの基礎なんてまったく知りませんでした）。

このように、知らない人を当てにしてＳＮＳでがんばるよりも、まずは友だちに売ってみてください。

友だちに売ることのメリットを生かし、ビジネスを成功させましょう。

5

無料や割引を強いるような人は、友だちではない

このタイトルは少し厳しく感じるかもしれませんが、ビジネスにおいて非常に重要なポイントです。今回は、なぜ友だち価格を設定してはいけないのか、その理由をくわしく解説していきます。

ビジネスをはじめたばかりのころ、多くの人が「友だちだから少し安くしよう」と友だち価格を設定してしまいがちです。

しかし、これが後々、自分の首をしめることになるのです。

そもそも、割引には、明確な理由があります。

理由①期間限定

キャンペーン期間中に売上を集中して伸ばすための割引です。

理由②初回無料お試し

購入のハードルを下げ、入り口を広げるための無料お試しです。

理由③申し込み期限の限定

たとえば「今日から3日間限定」や「今日中にお申込みの方に限り」などの割引です。これは期限を設けて、決断を後押しするためのものです。

これらの割引は、ビジネスモデル全体を見据えた戦略的なものであり、情で価格を決めているわけではありません。

事業には「キャッシュポイント」という収益を得るところと、いわば「損して得取れ」的に収益は見込まないところがあります。割引価格で提供しても、結果としてほかの部分で利益が確保できる仕組みになっているのです。

では本題の、友だち価格のデメリットの話です。

あなたは自分の交友関係の中で、どこまでが友だちで、どこからが友だちではないという線引きができますか？

もし、片方だけに割引し、お友だち同士が価格の違いに気づいたとき、その2人はどう感じるでしょうか。

きっと、割引されなかったほうは、あなたに裏切られたような気分になるでしょうし、割引を受けたほうも、なんだか居心地が悪く感じるでしょう。

そして、あなたに対して不信感を抱くことになります。

また、友だちだからという理由で値下げをしたり、無料でサービスを提供したりすると、かえって相手に負担をかけてしまうことがあります。

本当にあなたのサービスを必要としているときでさえ、「あの人に頼むと安くしてくれるから、なんだか申し訳なくて頼みにくい」という状況が生まれるのです。

逆に「友だちだから安くしてよ」と無料や割引を期待してやってくる人たちは、あなたのサービスの価値を正当に評価していないことが多いです。

価値を感じてくれるお客さんは、正当な価格を支払ってくれるはずです。

そして何より、あなたの商品・サービスに、きちんとお金を払ってくれているお客様を大切にしましょう。

無料でサービスを提供しない姿勢は、決してケチなのではなく、実際にお金を払ってくれているお客様への敬意と感謝の表れです。

サービスを提供する際には、正規の料金をいただき、その対価としての価値を提供することは、信頼にもつながります。

6

「フォロワー」ではなく「見込み顧客」を増やす

SNSでの集客をはじめると、どうしてもフォロワーを増やすことに注力しがちです。しかし、フォロワーが多くても、それが売上に直結するわけではありません。

今回は、見込み客を増やすことの重要性について、くわしく探っていきましょう。

まず、フォロワー数が多いと人気があるように見えますが、それが売上につながるわけではありません。**買うつもりのない人を集めても、そのリストでは契約や購入に結びつく率が下がるだけです。**

よくある例として、謎の外国人フォロワーが増えても、売上には結びつきませんよね。

そして、フォロワー数を増やすために「いいね」回りや相互フォローをしてしまうと、自分のフォローしているジャンルがバラバラになります。

こうなると、ＳＮＳの仕組みが「何屋さんかわからない」と判断し、本当に届けたい層への投稿の表示率が下がってしまうのです。

メルマガの読者数やＬＩＮＥ公式アカウントの登録者数が多くても、読まれなければ売上にはつながりません。

たとえば、ＬＩＮＥでは未読のマークが気になって、とりあえずマークを消すために開封する人もいます。

そして、メルマガの開封率も追いかけなくて大丈夫です。

なぜなら、開封率を上げることが売上を伸ばすことには直結しないからです。

明確に因果関係のある事柄の検証はできないため、対策の立てようがないのです。そこに気を取られてタイトルばかり工夫したりしても、売上は伸びません。

売上の方程式、覚えていますか？

売上＝単価×見込み客数×成約率×リピート率

これで、売上は構成されています。この中で重要なのは〝リストの数〟ではなく〝見込み客の数〟です。

相互フォローを目的にフォローしてくる人たちは、見込み客ではありません。見込み客とは、自分の商品やサービスに興味を持ってくれる人のことを指します。

リストの数ではなく、そのリストの濃さが重要です。

興味がある人10人を集め、その人たちにパワーを注ぐほうが、興味が薄い１００人を集めるよりも効果的です。興味のある見込み客を集め、その対応に集中することで、成約率が上がり、売上も伸びます。

バズることで売上が上がるのは、ビジネスモデル全体がしっかりしている場合です。まだ初期の段階では、バズったとしても売上にはつながりにくいです。

見た目の人気者になることが目的ではありません。**事業の成功は「いかにやることを**

少なくして利益を多くするか」です。

見込み客を集めるためには、まず自分の商品やサービスに興味を持ってくれる人にアプローチすることも重要です。

たとえば、ブログやSNSを通じて自分の人柄や価値を伝えることも効果的ですが、それだけでは不十分です。

結局、信頼関係をつくりやすいのは、リアルな接触を持つこと（会って話す）かもしれません。

7

①だれに、②何を、③どのように…の順序で

サービスを提供する際に重要なのは、マーケティングをしてコンセプトをつくることです。

簡単に言うと、マーケティングとは世の中をよく観察するということ。

コンセプトとは、「だれに」「何を」「どのように」提供するのかというサービスの軸です。これは多くの人が聞いたことがあるかもしれません。SNSやインスタグラムの講座を受けたことがある人にはおなじみでしょう。

ところが、この軸を考える際には、順番が非常に重要だということは、あまり意識されません。

最初に、あなたがどれくらいの規模で事業を展開するのかを考え、その上でどんな課題があるのか、世の中をよく見ることが重要です。

自分の事業をどうするのかという「自分目線」と、世の中から何が求められているのかという「お客様目線」。この二つの視点を、行ったり来たりしながら考えることが大切です。

この際、自分目線だけだと「だれが買うの、それ？」というような、売れないサービスができます。

多くの女性起業家は、マーケティングをしません。自分のやりたいこととやれることの重なり、つまり自分目線だけでサービスをつくります。売れるものは、求められているものであることが必須です。

逆に市場目線だけでは、新しい斬新なサービスは生まれません。

世の中をよく観察して、世の中の課題がわかったら、コンセプトを考えます。

「だれに」がターゲットであり、「何を」は商品、「どのように」はデリバリー、つまりSNS発信などの届け方……ではありません。

ここは誤解されがちです。

「だれに」はターゲットですが、「何を」は価値、「どのように」が商品です。

どんな価値を、どんなサービスとして提供するのか。ここを間違えると、なかなか売れない状況から抜け出せません。

商品とは、「ミッションにもとづいて、社会に与えたい価値を、対象ごとに最適な形で届ける手段」です。

このとき、自分が与えたい価値と相手が受け取る価値は、完全に一致するとは限りません。ターゲットが変われば、受け取る価値も変わります。

たとえば、甘いものが好きな人には、スイーツは非常に価値あるものとなりますが、甘いものが好きではない人は価値を感じません。つまり、人が変わると感じる価値も変わるため、先にターゲット（理想の人）を想定する必要があります。

だれに（ターゲット）、何を（価値）、どのように（商品）という順序で考える必要がありますが、ほとんどの人は、これを逆に考えがちです。

まず売りたい商品があり、「これを欲しがる人はどこにいるんだろう？」と相手を探すという逆のルートをたどってしまうと、うまくいかないのです。

理想のお客様像を先に描き、そこから商品がどのように役に立つのかを考える必要があります。

一旦、仮のコンセプトができたら、理想のお客様候補の人たちに確認して、答え合わせをすることも必要です。このプロセスを経ることで、サービスがより多くの人に受け入れられるようになります。

8

「あなたから買いたい」で競合を外させる

人が商品やサービスを購入するには理由があります。

世の中には、同じようなサービスがあふれていますが、その中で選ばれるためには「選ばれる理由」が必要です。

選ばれる理由とは、「なぜあなたから買わなきゃいけないのですか？」と言われたときに「私が、あなたにとってのベストな選択肢だからです」と言えることです。

もっとも避けるべき理由は「価格が安いから」です。価格競争に巻き込まれると、売上が伸びないだけでなく、業界全体に悪影響を及ぼします。

価格が安いからではなく、「あなたから買いたい」と思わせることが重要です。

たとえば、コーチング、コンサルティング、カウンセリング、セラピー、マッサージ、占いなどの無形サービスでは、商品のクオリティが提供者の人柄と実力に大きく影響されます。

こうした相談業では、毎回、だれに対しても同じ結果を与えられるわけではありません。そのため、購入の判断基準がサービス内容だけではなく、「あなただから」という要素が大きくなります。

逆に、税理士や認定講師、代理店などの、だれが提供しても同じ結果が得られるサービスでも「あなたから買いたい」は必要です。

どの税理士さんがつくっても同じ決算書ができあがりますし、同じ協会の認定講師ならば、提供しているコンテンツは同じです。仕入れ先が同じであれば、どの代理店でも同じものが手に入ります。

このような場合、クオリティで差別化するのが難しいため、価格競争におちいりがちです。

そこで「あなたから買いたい」と思わせることで、価格を下げずに競合を外せるのです。つまり、個人で事業をおこなう場合の多くは、あなた自身が商品となります。

私も、自分の知識や経験をもとにコンサルティングサービスを提供しているため、私自身が商品です。

そして、あなたから買いたいと思わせることができれば、リピート購入がとても生まれやすくなります。これは、商品を見る前に買ってもらえるというパターンも出てくるほどの強力な効果です。

たとえば、私は推しのライブがあるとき、ほぼ全公演を申し込みます。その際、何を歌うか、どこで開催されるかなどは、まったく気にしません。ライブがおこなわれる場所に行くだけで、その内容も関係ないのです。

結局のところ、商品そのものの話よりも、前回のライブに行った際に感じた楽しさやワクワク感をもう一度味わいたいという気持ちが強いのです。

ファンになってしまうと、商品の細かいことはあまり気にせず、リピートして購入されます。

これは、ブランドや提供者に対する信頼と愛着が大きな要因です。商品そのもの以上に、提供者やブランドとの関係を大切にするようになると、リピート購入が自然と促進されるのです。

9

相思相愛のお客様とだけ関わらないで

好きなことを仕事にしたいと思う人の「好きなこと」とは、さまざまな意味を含んでいます。

あなたも、自分の好きなジャンルやスキルを生かして、好きな場所や好きな時間で働きたいと願っていると思います。なかでも、好きな人たちとだけ関わって仕事をしたいという願望もあるでしょう。

しかし、これは長い目で見ると、チャンスを逃している可能性があります。

仕事仲間については、好きな人たちと働くのが理想ですが、お客様については必ずしもそうではありません。自分が好きな人だけをお客様とするのは理想ですが、実際にはお金を払ってくれるお客様は相思相愛のお客様だけではありません。

なぜなら、こちらが相手を好きかどうかは、売上には関係がないからです。

重要なのは、相手（お客様）があなたのことを好きであり、あなたの商品を必要としているかどうかなのです。

たとえば、私は男性アイドルのファンで、好きなグループのためにライブに行き、ＣＤを買い、グッズを購入します。彼らが私を好きかどうかは関係なく、私はお金を払うのです。

このように、自分がお客様のことを好きかどうかは関係ありません。お客様が自分を好きであれば、お金を払ってくれるのです。

一度、あなたから商品を買いたいと思うと、関係性ができてリピート購入が生まれやすくなります。

また、相思相愛ではないお客様と関わることには、いくつかのメリットがあります。

まず、自分の世界が広がります。

苦手だと思っていた人が意外とそうではなかったり、ビジネスの視点から新しい着眼点を得ることができたりします。

視野が広がることで、提供するサービスの質も向上します。

さらに、さまざまなパターンのお客様に対応するスキルも身につきます。

これは、対人のコミュニケーションスキルを向上させるために非常に重要です。

とくに初期の段階では、あらゆるタイプのお客様と関わることで、ビジネスの基盤を強固にすることができます。

そして、苦手なお客様との関わりから多くを学ぶことができます。

たとえば、耳の痛いことを言ってくるお客様や、あなたが講師の場合、なかなか動いてくれない受講生さんは、自分の改善点を教えてくれる貴重な存在です。

これらのフィードバックを受け入れることで、自分のスキルや商品のブラッシュアップにつながります。

もう一つ、リサーチの観点からも、好きではないお客様の意見を聞くことは重要です。

リサーチをするときに理想のお客様を想定しているので、好きではないお客様のリサーチはおこたりがちです。

普段リサーチしないターゲット層の困りごとやニーズを知ることで、新しい商品アイデアや改善点を見つけることができます。これにより、サービスの質を向上させ、売上を伸ばすための貴重な情報を得ることができるのです。

このように、幅広いお客様の層と関わることが重要です。

お客様を好きか嫌いかで選ぶのは、理想の売上を達成してからでも遅くはありません。

10

だれかの売上が落ちても、自分の売上が伸びるわけではない

起業の初期段階では、他人と自分を比較してしまいがちです。

頭では「他人と比べないようにしよう」とわかっていても、実際にはなかなか難しいものです。収入が安定しないうちは、判断力や行動力が鈍りがちです。

その結果、気持ちが焦ったり不安になったりして、つい他人と比較してしまいます。

とくにSNSを使った集客をしていると、他人の成功が目に入りやすくなります。

Instagramを開けば、キラキラした成功者たちの投稿が目に飛び込んできて、自分の現状と比較してしまいがちです。その結果、ますます発信が難しくなってしまいます。

事業を進める上で、自分の課題を発見する力は非常に重要です。他人の成功に気を取られていると、自分の課題を正しく見つけられなくなります。

「自分が売れないのは他人が売れているからだ」と思い込むのは大きな誤りです。

とくに、同じ協会の認定講師や同じ業界では、ほかの人が成功しているのを見ると、お客様を取られたと感じるかもしれません。

「あの人のサービスを買ったから、もう私からは買わないんだ」と。

しかし、あの人が売れているのは、あなたとは全然関係のないことです。

売上が伸びない原因は、単価、見込み客数、成約率、リピート率のどこかに必ずあります。これらをしっかりと分析し、自分の課題を見つけることが重要です。

そして、これは逆にチャンスでもあります。

なぜならば、競合のサービスを受けたことがあるお客様は、すでにその分野でのお困りごとを「お金を払ってでも」解決したいと考えている人だからです。

実際、私のビジネス塾にも「ほかの塾でうまくいかなかった」という人が多く来ています。

その人たちは、問題解決のためにお金を払う意志と経験があるため、私のサービスにもお金を払う可能性が高いのです。

じつは、競合の商品やサービスに100%満足しているお客様は少ないです。受けたからこそ、不満点が見えてきたということも言えます。

競合のサービスで満たされなかった部分をヒアリングし、あなたがそこをカバーすることで、そのお客様はあなたの見込み客となり、購入する確率が高まります。

ですから、他人の成功を見ても落ち込まず、逆に自分のサービスをより良くするチャンスととらえましょう。

他人の売上が落ちたとしても、自分の売上が伸びるわけではありません。**むしろ、他人が成功していることをポジティブにとらえ、自分のサービスを向上させる機会と考えるべきです。**

他人の成功に左右されず、自分の課題をしっかりと見つめ直し、解決していくことで、売上は自然と伸びていくでしょう。

第3章

高い商品・サービスは成功への最短ルート

1

セールスに苦手意識や嫌悪感がありませんか？

セールスに対して、苦手意識や嫌悪感を抱く人は多いです。

とくに女性は、男性に比べて会社員時代に営業の経験が少なく、セールスに対して「やったことがない未知の世界」と感じてしまいます。

また、ほとんどの人は、押し売りや無理にすすめられた経験があるので、セールスと聞くとどうしてもネガティブなイメージを持ってしまいます。


私が普段からビジネスの基本として話しているのが「おにぎり理論」です。

お腹が空いている人に対して、その人が何を食べたいのかを聞いて、それをつくって差し出すというもの。

これと対照的なセールスを、私は「千羽鶴セールス」と呼んでいます。

千羽鶴は、被災地に祈りを込めて送るもので、たしかに善意がこもっていますが、被災者が本当にそれを必要としているかどうかは別問題です。

被災者がもっと必要としているものがあるかもしれないのに、気持ちだけが先行してしまうのです。

私の友人は、東日本大震災の際に南相馬に住んでいました。

みんな彼女のことを心配していろいろ連絡を取る中、「私がまとめるから」と言ってくれた友人がいました。

その友人を通じて、それぞれが「送れるものリスト」をつくりましたが、意外にも水や食料は必要ないと言われました。それらはすでに配給される予定だったからです。

いちばん困っていたのは生理用品でした。これはほかの人には頼みづらく、届きにくいものだったためです。

このように、私たちが想像して「必要だろう」と思うものと、実際に相手が欲しいものは異なることが多いのです。

セールスも同じで、しっかりと話を聞いて相手が本当に何を求めているのかを把握することが重要です。セールスに苦手意識を持つのは、セールスの定義を間違って認識していることが原因です。

セールスとは、相手の困りごとと解決策としての自分のサービスを「マッチングすること」です。

断られたとしても、それは単にマッチしなかっただけのこと。内容が合わなかった、金額が見合わなかった、時期が違ったなどの理由で断られることもありますが、それをおそれる必要はありません。

とくに慣れていないうちは、断られると「自分が拒否された」ように感じることがありますが、それも「マッチしなかった」だけです。

こちらが「お腹が空いているだろう」と思っても、相手はそうでないこともあります。

相手のニーズを正確に把握し、それに応えることで、セールスは怖くなくなります。

セールスに苦手意識や嫌悪感がある人は、この基本を見直してみるといいでしょう。

売れる第一歩として、セールスを前向きにとらえ直すことが重要です。

あなたの商品サービスで、困りごとが解決できる人がいます。

１人でも多くの人を幸せにできるように、必要な人にあなたのサービスを届けましょう。

2

「ブルーオーシャン」をねらわない

成功した競合がいる分野でビジネスをはじめることは、とくに個人で事業をする人にとっては、効果的な戦略です。

「レッドオーシャン」と「ブルーオーシャン」という用語をご存じでしょうか？

レッドオーシャンは競争が激化している分野を指し、ブルーオーシャンは競合がほとんどいない、またはまったくいない分野を指します。

大企業であれば資金や人材が豊富なので、ブルーオーシャンをねらう戦略も有効ですが、個人のビジネスにとってはリスクが高いと言えます。

ブルーオーシャンをねらうことのリスクは二つあります。

リスクの一つは、過去にだれかがその分野に挑戦したものの、撤退した可能性が高いこと。世の中には、自分だけが思いつくことはほとんどありません。たとえどんなにすぐれたアイデアでも、すでにだれかが挑戦して失敗している可能性が高いのです。

また、競合がいないということは、その分野に見込み客も少ない、あるいはまったくいない可能性もあります。

もう一つは、まったく新しい商品やサービスを提供するためには、顧客にその価値を理解してもらうための教育が必要になること。

たとえば、スマートフォンについて、「携帯電話にパソコンとデジカメの機能がついたもの」と説明されると、そのよさは簡単に理解できます。これは、すでに携帯電話やパソコン、デジカメが普及していたからこそ可能なのです。

しかし、まったく新しい概念を説明するのは困難であり、時間もコストもかかります。このような大規模な教育は、大企業に任せるのが賢明です。

商品のネーミングも同様です。相手の頭の中にある言葉を使いましょう。

たとえば「ワーケーション」や「イクメン」という言葉は、それぞれ「ワーク＋バケーション」や「育児＋イケメン」といった既知の言葉を組み合わせることで、新しいコンセプトをわかりやすく伝えています。

しかし、まったく新しい言葉をつくると、顧客には理解されにくくなり、売れにくいのです。

スモールビジネスでねらうべきは、すでに成功している競合がいる分野の「0・5歩となり」です。

類似した商品やサービスは、顧客にとってそのよさも悪さもイメージしやすく、購入に至るまでの時間が短縮されます。競合がすでに市場に価値教育をしているため、その分の労力がはぶけるのです。

競合が成功している分野では、それらのサービスに対する不満が完全に解消されているわけではありません。競合の未解決の不満をあなたが解消することで、あなたの商品のよさが顧客に伝わりやすくなります。

競合が成功している分野で0・5歩ずらした商品やサービスを提供することで、顧客にとってもわかりやすく、売れるまでの労力が少なくて済みます。

ポイントは競合が「成功していること」です。

競合がいてもうまくいっていない場合は、ブルーオーシャンと同じです。そこの見極めは気をつけたいところですね。

3 ホームページをつくらなくても大丈夫

起業すると、ホームページをつくりたくなる気持ちはよくわかります。

しかし実際には、初期段階でホームページをつくることは必須ではありません。

なぜなら、検索して上位に出てくるようなホームページをつくるには、プロに依頼して30万円から50万円ほどの費用がかかるからです。自作する場合でも、多くの時間と手間が必要です。

制作費50万円を回収するのに、あなたの商品を何個売る必要がありますか？

その時間や費用は、ほかの重要な活動に使うほうが賢明です。

そもそも、ホームページをつくる目的を考えてみましょう。

多くの人がホームページをつくるのは、商品やサービスを売るためです。しかし、実際にホームページだけではモノは売れません。ホームページ自体はあくまで「入り口」に過ぎないからです。

ホームページを訪れた人が、すぐに商品を購入することは稀でしょう。多くの場合、複数のステップを経てようやく購入に至るのです。

この複数のステップは、セールスファネル（営業のじょうご）と呼ばれます。見込み客があなたの商品をはじめて知ってから、購入に至るまでの地図のようなものです。相手の気持ちの変化は、次のように段階的に進みます。

STEP①認知

見込み客が商品やサービスの存在を初めて知る段階。オンラインならばSNSや広告、オフラインならば、口コミや紹介、直接の案内などです。

STEP②興味

商品やサービスに興味を持ち、くわしい情報を知りたいと思う段階。セミナー参加や資料請求、メルマガ登録などがこの段階に該当します。

STEP③検討

商品やサービスの購入を検討する段階。ここではお客様の声や成功事例、商品の詳細情報、無料トライアルなどが重要です。

STEP④意思決定

最終的に購入を決める段階。ここまで来ると、購入の可能性が非常に高くなります。

このように、買いたい気持ちを生む仕組みが必要で、これがない段階で「認知」の部分にあたるホームページを持つ必要はありません。

ほかの手段でも十分に認知を広めることができますし、そもそも多くの人に知ってもらう必要もないのです。

個人ビジネスでは、打席数よりも打率が重要。時間も労力も限られているので、そんなにたくさん人を集めても対応しきれないからです。

少なく集めて高確率で成約するよう、いかに営業のじょうごを降りてきてもらうかに重点を置くことが近道なのです。

ただし、例外が二つあります。法人向けのサービスを展開する場合と、最初から法人化する場合です。

法人向けのサービスでは、提案を受けた企業が相手の会社の信頼性を確認するためにホームページを見ることが一般的です。

また、法人化する際には法人名義の銀行口座をつくる必要があります。最近では法人口座開設の条件が厳しいこともあり、ホームページがあると、実態のある企業だと信頼性が高まります。

4

「一つの商品だけで勝負！」では稼げません

前項で、セールスファネル（営業のじょうご）を心理面から解説しました。

ここでは、セールスファネルを活用し、複数の商品を組み合わせて収益を最大化するステップについて説明します。

STEP①認知商品からはじめる

最初のステップは、見込み客にあなたの存在や提供しているサービスを知ってもらうことです。これを「認知商品」といい、低コストまたは無料で提供されるものです。

たとえば、無料のサンプル、ダウンロード可能な資料、街で配られているティッシュ、試食のウインナーなどがこれに該当します。また、低価格の商品、たとえばマルシェのようなイベントや、書籍、試供品なども認知商品です。

STEP②フロント商品で初回購入をうながす

次に、見込み客がはじめて検討してお金を支払うのが「フロント商品」です。

これは実際に、顧客にあなたの商品やサービスの価値を体験してもらうためのもので、比較的手ごろな価格で提供されます。

フロント商品には、トライアルサイズの商品や初回限定の割引価格の商品などがあります。たとえば、１週間分のシャンプーのトライアルパックや、初回のみ割引価格で提供されるダイエットサプリメントなどがこれに該当します。


STEP③バックエンド商品で収益を最大化

フロント商品で満足した顧客は、高額な「バックエンド商品」を購入する可能性が高まります。

バックエンド商品は、ビジネスにとってもっとも収益性の高い商品であり、カスタマイズされたサービスや高額商品が該当します。たとえば、パーソナルトレーニングのプログラムや、高級なスキンケアセットなどです。

このステップで、顧客に対して深い価値を提供し、長期的な関係を築くことが重要です。

STEP④クロスセルとアップセルの活用

さらに、ビジネスモデルを強化するために「クロスセル」と「アップセル」を活用します。最近は、営業のじょうごは「砂時計型」と呼ばれることもあり、クロスセルとアップセルは、砂時計の下の部分に該当します。

クロスセルは、パソコンを購入した顧客に対して、周辺機器やアクセサリーを提案するなど、すでに商品を購入した顧客に対しての関連商品です。

一方、アップセルは、ベーシックなサービスプランを契約した顧客に対して、プレミアムプランを提案するなど、顧客が購入している商品よりも上位のグレードや機能を持つ商品のことです。

このセールスファネルの重要性を知ったときに、はまりやすい落とし穴があります。それは、自分の持っている商品を少額な順番にじょうごの上から並べることです。

セールスファネルの目的は、収益性の高いバックエンド商品の購入をうながすことです。相手の買いたくなる心理ステップに沿った商品を、バックエンド商品を基準に逆算して当てはめることが重要です。

一つの商品だけで勝負するのではなく、複数の商品を組み合わせたしくみを構築することが成功へのカギです。

5

価格の安さで勝負をしない

価格を安く設定してしまう人は、相手にお金を払わせることに罪悪感を覚えているのかもしれません。

これは「お金の受け取りブロック」と言われることがありますが、「自分にはブロックがあるんです」と思い続けている限り、稼ぐことは難しいです。

商品やサービスとして、価値を提供する対価としてお金をもらうことは、ごく自然なことです。たとえば、お店で品物を買うときにお金を払うのと同じように、自分が提供する価値に対してお金を受け取るのは当たり前のことです。

これがしっかりと理解できていないと、稼げば稼ぐほど苦しくなったり、高額な商品を売ることをためらったりします。

なかには、お金持ちからだと、お金を受け取ることに罪悪感を覚えない人もいます。受け取りブロックの裏では、「相手はお金を持っていない」と判断しているのです。これはとても失礼なことですよね。

だからこそ、このブロックを感じたら、それを乗り越えることが大切です。

「安いが正義」というわけではありません。低価格で勝負してはいけない理由を五つお伝えします。

理由①利益が少なくなる

原価はそのままで価格を下げると、一つの商品あたりの利益は少なくなります。利益が少ないと、目標の売上に達するまでに多くの商品を売らなければならず、個人ビジネスでは難しい課題となります。

理由②値下げ競争が終わらない

価格で勝負すると、競合も同様に価格を下げ、業界全体が低価格競争に巻き込まれます。結果として、ビジネスが続けられなくなり、業界全体の相場も低下してしまいます。

理由③イメージが悪化する

「安かろう悪かろう」という印象を与え、あなたの評判が悪くなったり、信頼性が損なわれたりする可能性があります。一度、低品質であると認識されると、次に高価格の商品を購入しなくなります。

理由④お客様がすぐに離れる

価格で選んだお客様は、より安い競合が現れるとそちらに流れます。また不思議なことに、安い商品を求めるお客様は、サポートやサービスに対して高い要求をすることが多く、対応コストが増加します。

理由⑤新しい商品が生み出せなくなる

低価格で商品を提供すると、コスト削減に注力することになり、新しいサービスや商品の開発に時間的・金銭的な余裕がなくなります。

では、どうすれば低価格で勝負せずに済むのかをお伝えします。それは、自分の商品に自信を持つことです。

「自分の商品はいいものだ！」と確信しなければ、商品は売れません。そして、価格以外で勝負するために、あなたの与える価値を上げること。**相手の期待を少し上回る価値を提供することで、顧客に選ばれる理由をつくり出します。**

これらを踏まえて、自分らしさを伝えることです。同じような商品だから、価格を比べられるのです。「あなたから買いたい！」と、あなたにお金を払ってくれるお客様に出会いに行きましょう。

6

高収益商品で時間単価を上げよう

時間単価とは、1時間あたりで稼げるお金のことです。

とくに個人ビジネスでは、この時間単価を上げることが重要です。だれにも平等に1日は24時間、1年365日。しかもママ起業家にとっては、家事や育児もあるので、持ち時間はさらに限定されます。

限られた時間の中で欲しい収入を得るには、「高収益商品」を持つことがポイントです。 単純に高額商品で売上を上げることだけに注目するのではなく、コストも視野に入れた上で、最終的に手元に残るお金を大切にすることが求められます。

私が起業初期に、自宅のリビングでアイシングクッキーの講師をしていたころの話です。2時間のレッスンで4000円。3人の生徒さんならば1万2000円。

「時給6000円はかなりいい」と思いませんか？

ところが、それは勘違いです。

なぜなら、この計算には準備にかかる時間や材料費が含まれていないからです。

まず、クッキー生地をこねて冷やし、クッキーを焼く作業はもちろん、アイシング用のクリームをつくる作業も必要です。

さらに、クリームは保存が利きませんので、当日の朝につくります。家族を起こし、朝食の準備をして食べさせ、お弁当をつくる合間に準備をします。お客様が来る前には、家の掃除やレッスンで使う道具の準備をします。

1回のレッスンに準備も含めると、約6時間もかかるのです。

時給2000円ならまだいいほうですか？

いいえ、じつはもっと下がります。

時間単価を考える際には、集客や営業にかかる時間も重要です。

たとえば、SNSでの発信や見込み客とのやり取り、ブログを書く時間なども、すべてがコストとしてとらえられるべきです。

さらに、低価格の商品は数多く売る必要があり、事務作業も増えるので、時間単価が下がる原因になります。

たとえば30万円を1人に売るのに対して、3000円を100人に売る場合を比べると、帳簿をつける件数や入金確認、さらには未入金の連絡などの事務作業は100倍です。

低単価の商品を大量に販売するビジネスモデルは、個人でするには時間効率が悪く、結果的に収益が少なくなる可能性が高いのです。

また、仕入れに多くのコストがかかる商品は、たとえ販売価格が高額であっても、高収益商品とは言えません。材料費が高いもの、材料を個別で選ぶための時間がかかるもの、認定講座のコンテンツ料や手数料なども考慮に入れる必要があります。

このように、準備に多くの時間と労力がかかるビジネスモデルでは、結果的に時間単価は低くなりがちです。しかも、その裏側はお客様には見えないので、価格に上乗せしづらいのです。

最終的には、高収益商品を選ぶことで、ムダなコストを削減し、限られた時間の中で最大の利益を得ることができるのです。

個人ビジネスにおいては、つねに時間単価を上げるための工夫が求められます。これが成功への道を切り開く大切なポイントです。

7

値段自体ではなく、価値に対して高いか安いか

値段というのは、それ自体に高いとか安いとかいった評価があるわけではありません。その商品の価値に対して高いか安いかが判断されます。

つまり、単なる数字ではなく、その値段に見合う商品価値があるかどうかが重要なのです。

たとえば、5000円という金額を考えてみましょう。

5000円のランチと聞くと、少し高いと感じるかもしれません。しかし、ディナーであれば、同じ5000円でも先ほどよりは高くは感じないかもしれません。

さらに、パスタランチが５０００円であれば非常に高いと感じるでしょうが、これが高級な懐石料理であれば、５０００円はむしろお得に感じることもあります。つまり、同じ５０００円でも、何に対して支払うかによって、その感じ方が変わるのです。

逆に、家賃が５０００円だと聞いた場合、多くの人はその安さに不安を感じるかもしれません。何か問題があるのではないかと疑ってしまうでしょう。感じ方には、相場感や価値観が影響しています。

では、値段を上げるにはどうすればいいのでしょうか。このポイントを四つに分けて考えてみます。

POINT①相場の高いサービスを提供する

安いと評価されがちな相場の中で勝負するよりも、高い評価を得やすいサービスを提供することで、より高い値段を設定しやすくなります。

有形物よりも無形物、とくに塾や講座などの教育型ビジネスなどは、自分の成長を実感できるため、価値を感じやすい分野です。

こうした分野に焦点を当てることで、値段以上の価値を感じる可能性が高まります。

POINT②価値は品質だけではない

価値を上げようとして、単に品質を上げるだけでは、お客様が求めているものに応えられないことがあります。たとえば、講師業で値段を上げるためにひたすらスキルアップをしても、受講生さんが難しくてついてこられない、なんてこともあります。

近所に狭い道が多く、普段のお買い物用に車が欲しい人にとっては、スポーツカーのような高性能な車よりも、軽自動車のほうに価値を感じるのです。つまり、顧客が求めるレベル感も理解し、それに合わせたサービス提供が重要です。

POINT③価値をしっかり伝える

あなたのサービスの価値は、相手に伝わらなければ意味がありません。どう感じるかを、相手任せにしないことです。

価値を感じてもらうためには、相手にとってどんなメリットがあるのかを伝えましょう。このコミュニケーションができていれば、顧客はその商品やサービスに高い価値を見出しやすくなります。

POINT④望むところへ連れていく商品を提供する

富士山の頂上を目指している人に対して、五合目までしか行けないツアーを提供しても満足してもらえません。

顧客が理想とする解決した姿を把握して、そこに到達するためのサービスを提供することが重要です。商品が段階的にある場合は、セットで提供することで価値をさらに高めることができます。

このように、値段だけに焦点を当てるのではなく、その値段に対する価値をどう感じてもらえるかを考えることが大切なのです。

8
「それ、いいね！」ではなく「それ、いくら？」

ちょっと残酷な話ですが、たいていの人は、サービスや商品について話を聞かれた際には「いいね」や「おもしろそう」といったポジティブな反応を示します。みなさん、大人ですからね。

実際に欲しいと思っている場合、人は必ず、価格や購入方法について質問をしてくるはずです。つまり**「いいね」と言っているあいだは、まだ本当に興味を持っていない可能性が高い**のです。

重要なのは、「それ、いくら？」という質問を引き出すことです。

ここでは、そのための具体的な方法について説明します。

POINT①買うつもりで来てもらう

前提として、あなたの限られた時間の中で活動をおこなうので、打率を上げるためにも商談の場には買うつもりで来てもらう必要があります。

それには、理想のターゲットにどのような価値を提供するかを明確にし、あなたを必要としている人に情報を適切に届けることが重要です。

POINT②購買意欲の確認

説明の場では、相手の知りたいことを、はじめに確認することが重要です。

たとえば、私の塾の個別説明会では、冒頭で「今日は何が知りたいですか？」という確認をします。これは相手のニーズに応えると同時に、どのくらい欲しいと思っているかを把握できるからです。

塾の期間や価格を知りたい「いくらですか？」「いつからですか？」といった具体的な質問が出る場合、買うつもりで来ていることが多いです。逆に、具体的な質問がない場合は、まだ価値を理解していない可能性があります。

冒頭で聞くことで、相手に合わせて説明するポイントを変えることができます。

POINT③いきなり説明からはじめない

いざ説明をするときは、先に相手の頭の中を整理すると効果的です。多くの人は、自分の困りごとを整理できておらず、モヤモヤしています。

一緒に整理することで、見込み客が自分の課題を認識し、その解決にあなたのサービスが役立つと感じてもらうことができます。

具体的には、第1章でお話しした思考整理のステップを一部活用します。

STEP①現状の確認…現在の状況や問題点をヒアリング。

STEP②理想の姿の確認…顧客がどのような状態を目指しているのか、解決した理想の姿を言葉にしてもらうことで、はっきりとイメージしてもらう。

STEP③課題の整理…現状と理想のギャップを明確にし、その課題を整理。

STEP④解決意欲の確認…その課題を、あなたと一緒に解決したいかの確認。

STEP⑤解決策の提案…あなたのサービスが、その課題をどのように解決できるかの説明。

思考整理と違うのは「STEP④解決意欲の確認」です。**「あなたと」解決したいのかも重要なポイントになってきます。**解決したいという意思がある場合のみ、詳細な説明に進みます。

逆に、解決意欲が低い場合は、相手が本当に必要としているタイミングで再度アプローチすることが望ましいです。相手の問題解決に真摯に向き合うことで、ビジネスの成功を目指しましょう。

9

売れない原因は「ロジカル」に分析して

何かがうまくいかないとき、一生懸命がんばっているのに結果が出ないと、つい焦ったり、落ち込んだりしてしまうこともあるでしょう。

しかし、ここで大切なのは、感情に流されるのではなく、冷静にものごとを分析することです。ロジカルに考えましょう。

ロジカルに考えるとは、「論理的に順序立てて考える」ということです。そうすることで、問題の原因を特定しやすくなり、具体的な対策を見つけることができます。

ここでは、言葉のロジカルと数字のロジカルという二つの方法をご紹介します。

①言葉のロジカル

ものごとを論理的に説明するためには、因果関係をきちんとつなげることが大切です。私はこれを「矢印でつなぐ」と呼んでいます。

たとえば、「風が吹くと桶屋《おけや》が儲《もう》かる」というだけでは理由がわかりません。**「風が吹く↓ほこりが立つ↓目を痛める人が増える↓目の不自由な人は三味線をひくから三味線に張る猫の皮が不足する↓猫が減る↓ネズミが増える↓ネズミが桶をかじる↓桶が売れる」**というように、ステップごとにつなげて考えると、その過程が見えてきます。

これをすることで、風が吹いたのに桶屋が儲からなかったとき、原因を突き止めやすくなります。

次に、程度を表す単語を数値に置き換えます。商品が売れないときに「もっとたくさん売りたい」と考えるのは普通のことです。

しかし「たくさん」と言っても、それがどの程度を意味するのかはあいまいです。

そこで、「たくさん」という言葉を具体的な数字に置き換えて考えます。
「今月はあと50個売る」というように、具体的な目標を設定することで、何をすべきかがはっきりと見えてきます。

②数字のロジカル

今、言葉のロジカルであいまいな表現を数字に置き換えました。数字でものごとを考えると、より具体的に問題を把握することができます。

売上が伸びない原因を探るとき、「売上の方程式」を使います。売上を単価、見込み客の数、成約率、リピート率といった要素に分けて、数字で考えるのです。

これらをそれぞれ確認していけば、どこに問題があるのかがわかり、改善すべきポイントが見えてきます。

また、数字で考えることのもう一つの利点は、モチベーションを保ちやすくなることです。数字で表すと、自分の〝できたこと〟にフォーカスが当てられます。

たとえば、テストで100点を取るという目標を立てたとき、数字で見ないと、取れたか取れなかったかの極端な評価しかできません。
これに対して「80点取れた」と数字で達成率を見ることで、「全然できなかった」と落ち込むことをふせげます。

ロジカルに考えるということは、感情に流されず、冷静に状況を分析するためのとても役立つ方法です。

商品が売れないと感じたとき、言葉や数字を使って論理的に問題を分解し、具体的な行動に移すことで、少しずつ結果をよくしていくことができます。

10

他者との差別化よりも、自分の強みで勝負

「差別化」という言葉、よく耳にしますよね。

女性起業家として成功を目指すあなたも、ほかの人とは違う何かを見つけ、それを武器にがんばっていることでしょう。

でも、差別化を追い求めすぎて、本来のビジネスの目的やお客様のニーズを見失い、「差別化の罠」におちいることがあります。

「差別化の罠」の典型例は、お客様にとって意味のない差別化をすることです。

競合との違いにばかり気を取られると、お客様のニーズから外れた商品をつくってし

まうことがあります。

たとえば、やせるおかずがSNSで流行っているからといって、それに対抗して「太るおかず特集」を組むようなものです。

一見すると競合と違うことをしているように見えますが、これではお客様が求める価値に応えられず、ビジネスの方向性がズレてしまいます。

差別化自体が目的となってしまい、お客様の本当のニーズを無視してしまうと、ビジネスの軸がブレて、お客様にとって魅力のない商品やサービスが生まれます。

では、どうすれば「差別化の罠」を避けつつ、お客様に価値のある商品やサービスを提供できるのでしょうか？


まず、差別化を目的とするのではなく、自分の強みとお客様のニーズを一致させることが大切です。

強みとは、ほかの人と比べてすぐれている部分ではなく、あなたが得意で発揮できるスキルや能力のことです。

この強みを基盤にして、お客様が本当に求めている価値を提供することが、ビジネスの成功につながります。

ほかの成功者がやっていないことを無理に取り入れる必要はありません。

お客様にとって本当に大事なのは、あなたがほかの人とどう違うかではなく、あなたが「どれだけ自分の問題を解決してくれるのか？」という点です。

このことを意識すれば、差別化を意識しなくても、自然と売れるビジネスができます。

さらに、お客様との関係を深めることも、差別化を必要としない成功の秘訣です。

たとえば、あなたが得意とする方法でお客様との信頼関係を築くことができれば、ほかの人と競う必要はなくなります。

お客様が求めているのは、問題を解決してくれる信頼できるパートナーであり、差別化に依存しなくてもよくなるのです。

「差別化の罠」に陥らないために、つねに自分に問いかけてみてください。

「この選択は私の強みを生かしているか？」
「本当にお客様のニーズに応えているか？」

他者との違いを追い求めるのではなく、自分の強みとお客様のニーズを結びつけることに焦点を当てましょう。

無理に差別化を図るのではなく、自分ができることとお客様のニーズが重なる部分を見つけることが重要です。自分が提供できる本当の価値を見極め、それを軸にビジネスを展開することで、自然とあなたならではの特徴が生まれ、差別化しなくても売れるビジネスが実現します。

自分の強みを信じて、ほかの人ではなくお客様と向き合うことで、あなたのビジネスをもっと魅力的なものにしましょう。

11

ニーズはリサーチする。想像ではつくれない

商品開発をおこなう際には、二つの異なる視点があります。それは、**自分目線で進める「プロダクトアウト」と、お客様目線で進める「マーケットイン」という視点**です。

どちらの視点も重要ですが、とくに気をつけたいのは「自分がつくりたいもの」と「お客様が求めているもの」とのバランスです。

まず「プロダクトアウト」とは、自分がつくりたいものや、提供できる商品やサービスをもとにサービスをつくる方法です。

自分のビジョンや情熱にもとづいて商品を形づくるプロセスですが、注意しなければ

ならないのは、これが自己満足に終わってしまう可能性があるということです。自分の感性や好みだけで商品をつくると、顧客のニーズとズレてしまい、売れないものができあがることもあります。

一方で、「マーケットイン」とは、市場や顧客のニーズを徹底的にリサーチし、その結果にもとづいて商品を開発する方法です。このアプローチは、顧客が何を求めているのかを正確に把握するため、売れる可能性を高めることができます。

ただし、この方法だけに頼ると、既存のアイデアや市場にあるものと似た商品になりがちで、オリジナリティに欠ける場合があります。

重要なのは「プロダクトアウト」と「マーケットイン」をうまく組み合わせること。

まず、自分がやりたいこと、自分が信じるアイデアにもとづいて仮説を立てます。たとえば、「この商品はこういうお客様に響くのではないか」「こういうニーズがあるのではないか」と考えます。しかし、その仮説だけで突き進むのではなく、次にリサーチをおこない、その仮説が実際のニーズと一致しているか、答え合わせの確認をします。

リサーチのいちばん確実な方法は、見込客に直接インタビューをすることです。

「おにぎり理論」、覚えていますか？

お腹空いたという人に、何を食べたいか聞きます。おにぎりが食べたいと言われたら、おにぎりをつくって差し出せば、要らないとは言われません。これがまさに「プロダクトアウト」と「マーケットイン」なのです。

そして、**なぜインタビューが欠かせないのかというと、顧客自身もニーズを完全に把握しているとは限らないから**です。

もし「どんな商品が欲しいですか？」と顧客に聞けば、相手は現時点で存在するものから答えることが多いでしょう。

何かに困っている人の多くは、自分の困りごとが整理できておらず、モヤモヤしています。それをインタビューによって、一緒に解決策を明らかにするのです。

このプロセスは一度きりではなく、何度も行き来することが大切です。仮説を立てて世に出してみて、その反応を見て再調整する。そしてまた新たな仮説を立て、再度投げかける。この繰り返しが、響く商品を生み出す秘訣です。

第4章

稼げる・稼げないの違いを生む環境とは？

1 「ひな鳥ワード」を使っていませんか？

起業をしたら、言葉を大切にしましょう。あなたの魅力を伝えるのは言葉です。

ほとんどの人は、はじめて聞いた言葉を、そのままの意味で使い続けます。

これは、ヒヨコが最初に見たものを親と認識して後を追うようなもので、一度刷り込まれたものを疑ったり見直したりする機会は少ないものです。

私は、これを「ひな鳥ワード」と名づけました。

私が起業サポートをする際、最初のステップとして「ミッション、ビジョンの文字化」をおこないます。

ここで「なぜ自分がこの事業をするのか？」という理由や根拠、「どんな世界をつくりたいのか？」という事業の目的を明らかにします。

そこが定まっていれば、具体的な手段や対象者はアイデア次第で無限に広がり、逆に定まっていないと、行動がブレやすくなります。

一生懸命に努力しても売れなかったり、目の前のことばかりを追いかけて「自分が何をやっているのか」わからなくなったりします。

私のところへ来てくれるどのクライアントさんにも共通しているのは、すでに何かしらを学んできていることです。

しかし、トップの先生が強烈な言語化をしているほど、自分自身の言葉を使えない傾向にあります。一つの分野やコミュニティにどっぷり浸かっていると、さらにその傾向は強まるのです。

違和感なくそのまま使い続けることで、個性が発揮されません。

「ひな鳥ワード」の代表的なものは「自分軸・他人軸」「ありのまま」「寄り添い」「笑顔あふれる」「自己肯定感」「わくわく」「輝かせる」「人生の主役」「ビジョン実現」「ママを

応援」などです。

たしかに素敵な言葉かもしれませんが、どこかで聞いたことがあって、印象に残りにくくなります。

あなたらしい言語化のポイントは、言葉の再定義です。言葉同士を自分の定義で結びつけることで、オリジナリティが生まれます。

たとえば、クライアントのAさんは「自分軸で生きる人を増やす」というひな鳥ビジョンを、以下のように再定義していきました。

よしえ：「自分軸で生きる」とは、どういうことですか？
Aさん：「自分が主役の人生を送る」ということです。
よしえ：何ができれば「自分が主役の人生」になるんでしょうね？
Aさん：自分のことを、自分で決められると主役になります。ほかの人の目が気になっていると、自分で決められません。
よしえ：自分で決められると、どんないいことがありますか？
Aさん：人生に満足できます。

よしえ：人生に満足できた人をイメージしてください。どんな様子ですか？

Ａさん：笑顔でピースして棺桶に入ります。

「自分軸で生きる人を増やす」よりも「すべての人に『笑顔でピースして棺桶に入る人生』を！」は、より個性が感じられる表現だと思いませんか。

オリジナルとは新しい造語をつくることではなく、既存の単語を自分の意味で言い換えることです。

もし「ひな鳥ワード」を使っていると感じたら、ぜひ言い換えにチャレンジしてみてください。

2

聞く相手は「経験者」に限る。母親やママ友ではない

何かの決断をする際に、だれに相談するかはその成功を左右する要素の一つです。新しいことに挑戦するとき、多くの人は身近な人、たとえば自分の母親やママ友、会社員の夫などに相談したくなるものです。

夫や母親、相談ができるママ友たちは、私たちにとって大切な存在であり、信頼できる人たちです。

しかし、彼女たちにその分野での経験がなかったり、起業やビジネスの世界に触れたりしたことがなければ、適切なアドバイスをもらうのは難しいことが多いです。

たとえば、母親やママ友に「このビジネスアイデア、どう思う？」と相談してみるとします。

彼女たちは「うん、いいんじゃやない？」とか、「やりたいようにやれば？」といった、あいまいな返事をすることが多いかもしれません。それは、彼女たちがその分野にくわしくないため、具体的な意見を持っていないためです。

また、時には「そんなことやって大丈夫？」と心配されたり、「それは、うまくいかないんじゃやない？」と反対されたりすることもあります。

ほかにも、起業をしていないママ友たちは、起業をしているということだけで、あなたをスゴイと感じている側面がありますので、ただただ「スゴイね〜」「私にはできないわ〜」と感心されるだけのケースもあります（本当は、どちらがスゴイなんてことはないのですけれど）。

これらは、あなたのことを大切に思っているからこその反応ですが、ビジネスのことを知らないがゆえの不安からきているものでもあります。

こうした相談相手は、心の支えとしては大切ですが、ビジネスの判断には必ずしも適していません。

彼女たちは、あなたを心配してリスクを避けてほしいと思っているのです。ここで、会社員の考え方と事業主の考え方の違いが出てきます。

事業主は、対策をしながらも、ある程度のリスクを取ってチャレンジしていく必要があるのです。

では、どのようにして適切なアドバイスを得るべきでしょうか？

それは、実際にその分野で成功している経験者に相談することです。ポイントは「その分野で」という点です。

成功と言っても、いろいろな分野があります。あなたが相談したいジャンルでの経験を持つ人に相談しましょう。

経験者は、あなたが今直面している課題や不安を、同じように経験してきていることが多いので、あなたの状況や気持ちを理解し、それをどう乗り越えるかについて実践的なアドバイスをしてくれます。

自分も同じ道を歩んできたからこそ、具体的で現実的な助言ができるのです。

さらに、これからどんな困難が待ち受けているのか、そしてそれをどうやって乗り越えたのかを、自分の経験から教えてくれるでしょう。

このような実践的なアドバイスは、ビジネスを成功させるためにとても大切です。

3

ビジネスのことを相談できる仲間が5人は欲しい

女性起業家にとって、ビジネスを続ける上での精神的なサポートはとても大切です。その中でも、とくに気持ちを吐き出すことは、心の健康を保つために欠かせません。

ビジネスを続けていると、悩みや不安が積み重なって、視野が狭くなり、重要な課題に取り組む余裕がなくなることがあります。

こういう状態になると、ただ目の前の作業をこなすだけでつかれてしまい、根本的な改善策や長期的な計画を考える余裕がなくなってしまいます。

そんなとき、だれかに気持ちを話すことで、心の中にたまった重荷を下ろし、視野を広げることができるのです。

そして、ビジネスの相談相手に求められるのは、ただのアドバイスではありません。時には、アドバイスではなく、ただ話を聞いてもらうだけで十分なこともあります。

こうした「聞き役」がいることで、自分の気持ちを整理しやすくなり、冷静な判断ができるようになります。

最近「コスパ（費用対効果）」や「タイパ（時間対効果）」という言葉をよく聞きますが、とくに女性起業家にとって大切なのは「パワパ」だと思います。

つまり「パワーの効率性」です。どれだけのパワーやエネルギーを投入して、どれだけの成果が得られるかという視点です。

女性起業家は、気持ちに左右されやすいことがありますが、それは仕方がないことです。そのため、うまく付き合っていく方法を見つけることが大切です。

気持ちが消耗《しょうもう》していると、困難に立ち向かう力が弱くなり、結果的にビジネスを続けるモチベーションが低下してしまいます。このモチベーションの低下こそが、個人事業主にとって、事業を続けられなくなるもっとも大きなリスクです。

ビジネスの成功は、モチベーションを高く保つことと密接に関係しています。

そこで、同じ志を持つ仲間と定期的に交流することがとても有益です。できれば5人は信頼できる仲間が欲しいですね。

私自身も、起業初期に参加した起業塾の仲間とは、5年たった今でも、2週間に1回ほど集まっています。

ビジネスの話だけでなく、最近興味を持ったことや新しいアイデアについて話すことで、視野が広がり、新しい刺激を受けることができます。

この時間は、ビジネスの成長にとってもとても大切な要素です。

さらに、5人の仲間がいることで、さまざまな角度からのアドバイスをもらえるというメリットがあります。

法律、財務、マーケティング、戦略、メンタルヘルスなど、ビジネスにはいろいろな面があります。

それぞれの分野で異なる視点や経験を持つ仲間から意見を聞くことで、自分では見落としていた問題点や新しい解決策が見つかることがよくあります。

ビジネスの成功には、仲間の存在が欠かせません。

５人の信頼できる仲間がいることで、困難な状況に立ち向かう力が強まり、よりよい結果を生むための基盤が築かれます。

ビジネスを成長させるためには、自分１人で抱え込まず、信頼できる仲間との交流を大切にしましょう。

4 報告できる&フィードバックをもらえる環境を

私が運営しているビジネス塾では、毎日の活動を「日報」としてグループで共有してもらっています。

日報の目的は複数あります。

まず、毎日の活動を記録し共有することで、大きく道を外れる前に、毎日の行動を少しずつ調整できます。

また、疑問や質問にもすぐに対応できるので、スピード感を持って解決することもできています。

さらに、みんなが自分の進み具合をおたがいに見せ合うことで、「いいね！」「おめでとう！」「こうするとうまくいったよ」といった励ましや、役立つアドバイスをもらえることもあります。

日報を通じて、塾のメンバーがおたがいの状況を知り、支え合うことができるのです。

日報には、自分で設定した目標と、その達成度を書いてもらっています。

たとえば「10人に新商品の説明をする。達成度80％（8人実施）」という感じです。

この習慣は、目標達成を確認し、モチベーションを保つのにとても役立ちます。

具体的には「今日やったこと」「気づいたこと」「明日やること」を記入します。

これによって、毎日の行動が学びと成長につながるようになります。

また、日報は、ほかの人に見せるつもりで書くことが大切です。

1人でいると、ついサボってしまいがちですが、だれかとの約束があると、行動に張り合いが出ます。

だから、１人でがんばろうとせず、まわりの力を借りましょう。日々の振り返りの時間は、５～10分程度です。

この短い時間で、今日の出来事を振り返り、自分を見つめ直し、次の行動に備えることができます。

日報を書くことは、その日の小さな成功を形にすることです。

文字にすることで、自分が成長していることを実感でき、さらにがんばろうという気持ちがわいてきます。

夜にその日一日を振り返りながら文字にすることは、就寝前のよい習慣です。翌朝には、目的を持ってすぐに行動をはじめることができるようになります。

これが、一日を効率よく過ごすためのカギです。

実際、日報をコツコツと提出する人ほど、成果が上がる傾向があります。また、報告とフィードバックを大切にする環境をととのえることで、個人だけでなく、グループ全体も成長していきます。

もし報告をする環境や仲間がいない場合は、同じような環境の仲間を数人誘って、報告グループをつくってみてください。

そのグループは、ただの報告会を超えて、メンバーがおたがいによい刺激や影響を与え合うコミュニティになり、そこでみんなで高め合うことができます。

このようなコミュニティでは、おたがいが日々の状況を共有し、学び合い、励まし合います。

その結果、ただの学びの場を超えて、みんなが成長し続けられる環境が生まれるのです。

5

仕事の話をどんどん家族にして「応援団」にしよう

女性が自分のビジネスをはじめるときは、家族の理解と応援がとても大切です。

でも、実際には応援されないばかりか、時には反対されることもあります。

その理由は「あなたがいそがしくなって、家事や育児をおろそかにするから」というよりも「あなたが何をしているのか、よくわからないから」ということが多いです。

さらに、あなたがなんだか楽しそうにしているのを見て、夫は「自分はつまらない会社に我慢して行っているのに！」と不満を感じてしまうのです。

このような問題を解決するために、家族に自分のビジネスのことを話しましょう。

自分がどんなことに楽しいと感じて、どんなおもしろいことがあるかを家族に共有してみてください。

時には、うまくいかなかったことも、それを乗り越えたことも共有しましょう。家族を「自分の応援団」にするのです。

起業をしていくと、今まで知らなかったことに遭遇《そうぐう》して、世界が広がっていきます。楽しそうに魅力的になっていくあなたを見た夫は、「あなたばっかり」楽しそうで「自分ばっかり」我慢していると感じてしまうかもしれません。

それは、自分の知らないところで、どんどん変わっていくあなたに、さびしさと距離を感じるからなのです。

そんなところに、自分の楽しい話をしていいのか、不安になる人もいるかと思いますが、大丈夫です。

「女性のほうが幸せを感じる家庭に離婚のリスクはないが、男性のほうが幸せを感じる家庭は離婚リスクが上がる」というデータがあります（*1）。

つまり、あなたが夫よりも幸せでないと感じている夫婦は、うまくいかなくなる可能性があるのです。

極端に言うと、離婚をふせぐには男性が幸せかどうかよりも、女性がいかに幸せかのほうが大切だということです。

これは、私が女性だから、自分にとって都合のいいことを言っている、というわけではありません。そもそも男性で、幸せになることにこだわっている人や、それを目的に生きている人は少ないのです。

そして、大変なときには「助けて」と言って、家事や育児を手伝ってもらうことも大切です。

「助けて」の心理的効果は次項でお話ししますが、それ以外にも、家事や育児を分担することで、ビジネスに必要な時間をつくり出すことができます。

とくに、専業主婦からビジネスをはじめたばかりのころは、家族はまだ共働きという意識をしていないこともあります。なんでも今までどおりに自分1人でやろうとすると、時間が足りなくなってしまいます。

家族があなたのビジネスを理解して応援してくれるようになると、どんなに大変なことがあっても乗り越えられる気がしますし、実際にそうなっていきます。

どんどん家族に仕事の話をすることで、家族の絆も深まり、家庭ももっと幸せになるのです。

参考文献：（＊1）Guven, C., Senik, C., Stichnoth, H. (2012). You can't be happier than your wife. Happiness gaps and divorce. Journal of economic behavior and organization, 82(1), 110-130.

6

もっと人に助けてもらおう。稼げない人ほど自分でやる

私が以前主宰していたあるプログラムで、受講生たちに大きな変化をもたらした〝仕組み〟についてシェアしたいと思います。

実際にこのプログラムは、3か月でゼロから30万円を稼ぐための「売れない認定講師の矯正《きょうせい》プログラム」として、多くの女性起業家をサポートしてきました。

このプログラムに参加していたのは、私が所属していたコーチング協会の認定講師たちです。

参加資格は、少額の1day講座の受注が3件以内の人に限定しており、彼女たちはセールスの講座を受けても、売上が思うように上がらないという共通の悩みを抱えてい

ました。

そこで、彼女たちが苦手としている「お誘い」を克服するために、最初の1か月は2チームに分かれ、「無料のコーチングセッションを実施して、振り返りシートを書く」という課題を出しました。

同じ協会の認定講師とのセッションで500点、それ以外で2000点を獲得でき、有料での受注があれば1円＝1ポイントとして加算するルールです。

3か月後、みんな驚くべき成果を上げました。

第1位は69万円、第2位は66万円、第3位は39万円という売上を達成したのです。

この成功をもたらしたのは、「なんと言ってお誘いをすればいいかわからない」という彼女たちの悩みに対し、「助けて！」という言葉を提案したことでした。

「チーム戦なの！　課題が出ているの！　応援するつもりで助けて！」

このセリフを使い、SNSや個別メッセージで告知したのです。

この「助けて！」という言葉には、「ベンジャミン・フランクリン効果」という心理的効果があります。

人は助けた相手に好意を抱くようになるのです。助けてくれた人ではなく、助けた人を好きになります。この効果を利用し、彼女たちは多くの人々と約束を取りつけ、次々と成果を上げていきました。

さらに、ビジネスにおいて「信頼」は、ゼロから自力でつくり上げる必要はありません。むしろ、信頼はすでにお客様から信用を得ている人から借りることができます。紹介者営業はその最たる例で、信頼できる人が紹介してくれることで、あなたも信頼され、成約や受注が得られるのです。

自分1人で信頼を築くよりも、信用されている人の推薦《すいせん》を受けることで、迅速に結果を得ることができます。

このように、人に頼ることも事業主としての重要なマインドセットの一つです。

すべてを自分でやろうとせず、他者の力を借りることでビジネスの成長を加速できます。助けを求めることで、多くの人々から応援され、成功への道が開けるのです。

あなたも、今もし何かに挑戦しているなら、「応援して！　がんばっているから助けて！」と素直に言ってみませんか？

見込み顧客や仲間に助けてもらうことで、想像以上の成果を手にすることができるでしょう。

たくさん甘えて、助けを借りながら、あなたも成功への一歩を踏み出してください。

7

「はさみ」は研いでおく。道具への投資を忘れずに

今回は、とても厳しい話をします。

あなたは日々の業務で使う道具や環境に、しっかり投資していますか？

「はさみを研《と》ぐ」というのは、道具のメンテナンスを意味しています。

女性起業家さんの中には、仕事で使うパソコンや通信環境、そのほかの道具が不具合を起こしたときに、「これは私が次のステージに進むタイミングだ！」みたいなことを言っている人を見かけます。

たしかにね、そう考えたほうが落ち込まなくて済みます。

でも、ちょっと待ってください。

それ、本当に〝あなたの〟ステージアップのサインでしょうか？

仮に、あなたのその発言をお客様が聞いたとき、リピートしたいと思うでしょうか？

たとえば、映画館に行って、プロジェクターのトラブルで映像がぼやけたり、音声が途切れたりして、映画の上映が台無しになったとき、「当映画館にはステージアップのときがきました」なんて言われたら、どうですか。もう行きませんよね。

道具の不具合には、たいていの場合、道具の寿命やメンテナンス不足などの現実的な原因があります。

たとえば、パソコンが遅くなってしまったのは、単にソフトウェアのアップデートが必要だったり、ディスクの掃除が必要だったりするだけかもしれません。通信環境が不安定なのは、ルーターの位置を変えるだけで解決することもあります。

また、道具のメンテナンスは、信用問題だけではなく、仕事の効率や結果に大きく影響します。

切れ味の悪いはさみで何かを切ろうとすると、余計な力が必要になりますし、作業スピードも遅くなります。

それに比べて、しっかり研いだはさみであれば、軽い力でスパッと切れるので、余計なエネルギーを使わずに済みます。作業がスムーズに進むことで、結果として成果も上がるのです。

はさみを研ぐ時間、すなわちメンテナンスの時間を取ること自体も大切です。

忙しいと、つい後回しにしてしまいがちですが、たまには作業の手を止めて、道具をととのえる時間をつくってください。

切れないはさみで一生懸命作業を続けるよりも、少しの時間をかけてはさみを研いだほうが、最終的にはよりよい結果が得られるのです。

そして、仕事に影響の多い道具には、できるだけハイスペックなものを使うことをおすすめします。時速100キロのスピードを出す場合、軽自動車でその速度を出すのとスポーツカーで出すのでは、快適さも余力もまったく違いますよね。

高性能な道具を使うことで、ムダなストレスや疲労が減り、仕事に集中できるようになります。

もっとも、壊れた道具を新しいものにしても、ステージアップするのは道具だけで、あなた自身が成長しているわけではありません。

あなたのステージアップは、あなたの内面での混乱が起きたときです。道具をしっかりメンテナンスし、必要であれば壊れる前に買い替えましょう。

これが、じつはいちばんコストパフォーマンスがよく、長期的に見ても賢い選択です。

8
「これは絶対いい商品・サービスだ！」と確信しよう

自分の商品について「これは絶対にいい商品・サービスだ！」と自信を持っていることは、売れるための必須条件です。

商品やサービスを人に伝えるとき、自分が信じていないと、相手は不安や自信のなさを感じ取って不安になります。サービスのよさもなかなかうまく伝わりません。

とはいえ、自分自身や自分のサービス自体に不安がある人が多いのも現状です。

では、どうすれば自信を持てるのでしょうか？

ここでは、そのための三つのポイントをお話しします。

POINT①自分の商品やサービスをよく知る

どんな商品やサービスでも、その内容や特徴をよく理解できていなければ、相手によさを伝えることができません。

自分がつくったオリジナル商品でも、仕入れた既存の商品でも、買った先のお客様が実際にその商品をどのように使うのか、それによってどのように役に立ち、どんな価値を感じるのかをくわしく知っておくことが重要です。

理解することで、自然と自信を持てるようになります。

POINT②お客様がどんなことで困っているのかを知る

自分の商品やサービスが役立つと感じられるには、相手が困っていることを把握し、それを解決した結果どうなりたいのかを知る必要があります。

相手の課題の解決方法として、具体的な提案ができると、安心して商品やサービスを受け取ってくれるでしょう。

POINT③自分自身が体験する、体現する

自分自身がその商品やサービスを実際に使って、よさを感じることも効果的です。そのサービスを受けて得られる未来像に、あなたがなっていることで信用されるようになります。

すらりと美しい人から「私もこれ使っているんだけど」とダイエットサプリをおすすめされたり、おしゃれで魅力的な服を着ているファッションコンサルタントに「一緒に似合う服を選びましょう」と言われたりしたら、思わず「それ、いくら？」と聞きたくなるでしょう。

実際にそのサービスが効果を持つかどうかは、使用者の体験やお客様の声によって語られることが多いのです。

そのため、起業初期でお客様の声がない場合、まずはあなたが体験者となって、具体的な結果を持って推薦することは、非常に説得力があります。

さらに、その商品やサービスに関連したストーリーや体験談を共有することで、相手に感情的なつながりを提供することができます。

人は物語に引き込まれやすいので、自分の体験をストーリーとして伝えることにより、より深い印象を与えることができるのです。

以上の三つのポイントは、順番は気にしなくて大丈夫です。あなたが取りかかりやすいものからはじめてみてください。

やっていくうちに相乗効果が得られ、深掘りされていきます。

9 女性的な起業支援と、男性的な起業支援がある

あなたは、起業支援にも「女性的な支援」と「男性的な支援」があることを知っていますか？

これは、起業に対する考え方や目的が男女で異なることから生まれています。どちらが良い悪いという話ではありません。

ただ、初期の段階で「男性的な支援」を受けて、くじけそうになった女性起業家たちを、私は数多く見てきました。女性として起業を考える際、この違いを理解しておくことは成功への大きな一歩となります。

まず、男性と女性では、起業の目的自体が異なることが多いです。

一般的に、男性は「稼ぐこと」を主な目的とし、ビジネスの成功を数値的な成果で測ろうとします。その点、女性は「自己実現」を重視し、自分の好きなことや得意なことを仕事にしたいという願望が起業の動機となることが多いです。

たとえば、事業計画を立てる際、男性は具体的な売上目標や資金調達、融資の確保など、数値の成果を重視する傾向があります。

一方、女性は自分が心からわくわくする夢やビジョンの実現を軸に、計画を進めることが多いです。そのため、計画の立て方においても、目的やアプローチが異なることがよくあります。

そして、**自己実現を目指す女性起業家の中にも、最初から自信を持ってスタートできる人は少ない**のが現実です。

とくに初期段階では「自分にできるのか？」という不安が先立ち、学ぶことに熱心になりますが、なかなか一歩を踏み出せず、結果としてさらに自信を失ってしまうという悪循環におちいることもあります。

この状況は、私が今までお話しした男性には、ほとんど理解されませんでした。男性起業家の目には「起業しているのに自信がない」という状態自体が矛盾しているように映るようです。

そのため、「なんで動けないの?」「やればいいだけでしょ?」と言われてしまいます。

さらに、女性は体調やメンタルの波が、男性よりも頻繁に起こります。

これはしかたがないことであって、無理に治そうとすると余計につらくなります。女性特有のモチベーションのゆれは、実際に経験した人でなければ理解しにくい部分も多いです。

また、育児や介護といった自分ではコントロールできない家庭の事情により、予定が突然変更されることも少なくありません。

昔に比べればマシになりましたが、育児も介護も、現実的にはまだまだ女性のほうが時間を割くことが多いでしょう。こうした状況では、将来のビジネスプランを立てること自体が難しいと感じる女性起業家も少なくありません。

このような課題を乗り越えるためには、共感して寄り添ってくれるサポーターをつくりましょう。

女性特有の悩みや不安に対して理解を示し、適切なアドバイスやサポートを提供してくれる人々とつながることで、心の安定を保ち、ビジネスに集中することができます。

起業支援は、一緒くたではありません。女性特有のニーズや状況に寄り添った支援を受けることで、「自己実現」と「ライフバランス」を大切にしていけると、多くの女性起業家が自信を持ってビジネスを進められるようになります。

10 自分の見た目に気を配ろう

私たちは普段、無意識のうちに他人に対して第一印象を持ちます。

この第一印象は、見た目によって大きく左右されることが多いと言われています。これを「メラビアンの法則」といって、**初対面での印象のほとんどが、見た目から得られる情報で決まる**という説もあります。

ですから、自分の見た目に気を配ることは、人間関係においてとても大切な要素です。

女性起業家として成功を目指すなら、見た目への意識を高めましょう。

プロフェッショナルな印象を与えることはもちろん、とくに女性の場合、少しあこがれの要素を持つことで、まわりの人から信頼や尊敬を得ることができます。見た目に気を遣うことで、「この人のようになりたい」「この人と一緒に仕事をしたい」と思わせることができるのです。

もちろん、ビジネスの成功には見た目だけがすべてではありませんが、見た目がととのっていることで、自信を持って行動できるという効果があります。

反対に、見た目に気を配っていないと、人と接するときに自信が持てず、結果として大切なチャンスを逃してしまうことがあるかもしれません。

とくに、初対面の相手に自己紹介をするときは、清潔感や適切な服装が求められます。それができていないと、相手に悪い印象を与えてしまうこともあります。

さらに、見た目に気を遣うことは、自己管理や自己投資の一つでもあります。自分の見た目に意識を向けることで、日々の生活習慣や健康にも気を配るようになります。

その結果、心身ともに健康でバランスの取れた生活を送ることができ、その姿勢がビジネスにもよい影響を与えるでしょう。

また、見た目に気を配ることは、相手への敬意を示す行為でもあります。よい印象を与えるために努力することで、相手を大切に思っている気持ちが伝わります。

このような小さな心配りが、信頼関係の構築に役立つのです。

とはいえ、見た目をととのえることに対して過剰に力を入れる必要はありません。**大切なのは、自分自身が心地よく、自然体でいられる範囲で見た目をととのえることです。**

自分に似合うスタイルや色を見つけ、それを取り入れたファッションやメイクを楽しみましょう。

見た目に気を配ることは、他者とのコミュニケーションの第一歩であり、自分自身に対する自信の源でもあります。見た目をととのえることで、ビジネスシーンだけでなく、日常生活でも豊かな人間関係を築くことができるでしょう。

意識を少し変えるだけで、自分の印象が大きく変わり、それが新しいチャンスや成功の扉を開くきっかけになるかもしれません。

第5章

マインドセットして稼げる体質へ

1 行動計画は期間・ゴールから逆算して立てる

行動計画、立てていますか？

目標に取り組むとき、計画を立てることは欠かせません。しかし、多くの人がどこから手をつけていいのかわからず、無計画なまま進んでしまうことが多いです。

そこで、私がおこなっているスケジューリングの手順をご紹介します。

STEP①期間を決める

まずは、期間を設定します。いつまでに何をするのか。年間計画か月間計画かでも、ゴールはまったく違うものになります。期間が決まらないと、どの時点で何をするべきかがあいまいになり、ぼんやりとした計画になります。意外とここが抜けている人が多いです。

STEP②ゴールを決める

次に、その期間内でのゴールを明確に設定します。ゴールは具体的で測定可能なものにしましょう。「3か月で売上を20％増やす」や「2週間で新しい人と5人に会う」といった明確な目標設定がいいです。

STEP③休みの予定を先に確保

さらに、休みの予定を先に確保します。無理なく計画を進めるためには、適度な休息が不可欠。自分の健康やリフレッシュのための時間や家族との時間は、計画的に取っておくことが大切です。空き時間に休もうと思うと、休まず働くはめになります。

STEP④使える時間を確認する

一日の中で、どれだけの時間を仕事にあてられるかを把握します。日によっても違うと思いますので、仕事以外の予定を考慮し、現実的な時間割を作成しましょう。

STEP⑤ゴール達成に必要なタスクリストをつくる

その後、ゴール達成に必要なタスクリストを作成します。ゴールを達成するためにやるべき具体的な作業やアクションを洗い出しましょう。リストをつくったら「その作業は本当に必要か？」を検討した上で、優先順位をつけながら整理していきます。

STEP⑥タスクの所要時間を出す

作成したタスクリストをもとに、各タスクにかかる時間を見積もりましょう。タスクごとの所要時間を把握することで、実際のスケジュールに組み込みやすくなります。このステップでは、現実的な見積もりをおこなうことが重要です。

STEP⑦ゴールの見直し

もし時間が足りない場合、ゴールを下げるか、タスクの見直しを検討しましょう。無理な目標設定を続けても、計画倒れになってしまうだけです。

STEP⑧タスクを時間に当てはめる

使える時間にタスクを当てはめましょう。どのタスクをどのタイミングでおこなうのかをスケジュールに落とし込むことで、計画が具体化され、実行に移しやすくなります。

STEP⑨逆算して取りかかり時期を決める

計画は〆切だけでなく、それぞれのタスクに取りかかる時期も決めましょう。ここが明確になると全体の計画がスムーズに進みます。

計画を立てることとは、最初は少し手間に感じるかもしれません。ただ、計画を立てると、自分の時間を有効に使えて、確実に目標を達成できるようになります。何よりも、計画を立てておくと後が楽です。

ぜひ、この逆算思考を活用して、無理なく進めていきましょう。

2

「楽しさ」と「利益」のバランスを取ろう

私の事業を通して実現したいビジョンは「楽しみのビジネスと、利益を追求するビジネスを両立させ、人の変容成長を自分のことのように喜び合う共存の世界を創る」です。

夢は、楽しくビジネスをしながら、利益をしっかり得ること。そして、みんなが成長し合えるような世界をつくることです。

これには、起業をしたのに「私はお金じゃないんです」「お金より大事なことがあるんです」と言う人たちに、もっと広い視野で考えてもらいたいという思いも込められています。

もちろん、自分の利益だけを考えてもダメです。

その一方で、ビジネスを続けていく上でお金を稼ぐことは絶対に必要なことです。

多くの起業家がビジネスを閉じる理由は、売り上げが伸びないから。自分の好きなことを仕事にするのはすばらしいですが、それだけでは生活できません。

だからこそ、楽しさと利益をどうバランスよく取るかが重要なのです。

そして、起業をしたら、やめないことが何よりも大切です。

お客様にとっては、自分に必要なサービスが受けられなくなることほど、困ることはありません。

たとえば、予約していたレストランが急に閉店したり、乗る予定だった電車が事故で運休したりすると、困りますよね。あなたのことを必要としている人がいる限り、活動資金を稼ぎ続けないとダメなのです。

では、ビジネスの「楽しさ」ってなんでしょうか？

私は「成長の喜び」と「貢献の充実感」だと考えています。

ビジネスで成長を楽しむというのは、自分が目標に向かって進んでいるのを実感することです。

新しいことを学んだり、新しい商品をつくったりするのは大変ですが、うまくいったときの喜びはとても大きいです。そのあいだには、苦手な作業をする場面や、イヤな人とつき合わなければいけない場面もあります。

ただ、このプロセスで得られる知識と経験は、自分自身の成長に直結し、それがさらなるモチベーションとなります。

また、貢献を楽しむというのは、自分のビジネスがほかの人によい影響を与えていることを感じることです。

お客様から「ありがとう」と言われることや、自分の商品やサービスで相手の生活がよくなっているのを見ると、とてもうれしいですね。

私にとっては、自分のビジネス塾の塾生さんたちの売上が伸びることや、彼女たちがビジネスを通して自己実現していく成長過程を見られることが、いちばんのごほうびです。

さらにそれらが、社会的な問題を解決しているときは、その影響はいっそう大きく感じられます。

楽しさとは、ただ一時的な楽しい気持ちだけではなく、続く喜びや満足感を意味します。成長や貢献を通じて得られるこの深い充実感こそが、ビジネスの本当の楽しさです。それはビジネスだけでなく、人生も楽しく充実したものにします。

このように、**ビジネスの楽しさを大切にすることは、起業家を動かし続ける力**となります。

ただ、成長と貢献だけに集中しすぎると、ビジネスとしてのお金の部分を忘れがちになります。楽しさと利益のバランスを上手に取ることが、長くビジネスを続けるためのコツです。

3
「オン」と「オフ」を無理に分けない

多くの方が「オン」と「オフ」、仕事とプライベートをしっかり分けなければならないと考えがちです。仕事に集中するためには、オンとオフのメリハリをつけるべきだと、世間でもよく言われます。

しかし、事業主として成功を目指すなら、この考え方を少し変える必要があります。

もちろん、休日に仕事をする必要はありません。

リフレッシュする時間や家族との時間を持つことは、心と体の健康にとってとても大切です。

しかし、それと同時に、ビジネスのアンテナを、つねにオンにしておくことも重要です。このアンテナが立っていると、休日でも何気なく見聞きしたことが、ビジネスのヒントやアイデアに結びつくことがあります。

たとえば、家族との食事中や電車の中で見かけた広告、友人との会話の中で出てきたことが、新たな商品やサービスのインスピレーションになることもあります。

もし「今日は完全にオフだから」とアンテナを閉じてしまうと、このような貴重なアイデアを見逃してしまいます。

ビジネスチャンスは、つねにどこにでも潜《ひそ》んでいるのです。

また、仕事が好きで、ビジネスに情熱を注いでいる女性起業家にとって、「今日は仕事をしない」と決めてしまうと、かえってストレスになることもあります。

もし、アイデアが浮かんだり、やりたいことが頭に浮かんだりしたのに、「今日はオフだから」と、その気持ちを押し殺してしまったらどうでしょう。フラストレーションがたまるばかりではないでしょうか。

そこで提案したいのは、オンとオフを完全に分けるのではなく、その割合を柔軟に調整するという考え方です。

たとえば、今日は仕事をまったくしない日と決めるのではなく、少しだけ仕事をする時間を設けたり、逆に普段より多く休む時間を取ったりすることで、バランスを取りましょう。

こうすることで、ビジネスとプライベートの両立が自然にできるようになり、仕事に対するモチベーションも維持しやすくなります。

そもそも、起業家として成功するためには、オンとオフの境界はあいまいなほうがいいのです。

休んでいるつもりでも、ふとした瞬間にビジネスのヒントを見つけることができれば、それはむしろ「働いている」という感覚ではなく、楽しくアイデアを得る機会になります。

さらに、そのアイデアを生かしてビジネスに取り組むことができれば、好きなことを仕事にしていると言えます。

そうすることで、仕事とプライベートのバランスも上手に取ることができます。

オンとオフの境界を越えて、情熱を持って仕事に取り組むことが、あなたのビジネスをさらに楽しいものにします。

4

無料に走らない。時間が買えるなら安い

女性起業家として目標を達成するためには、日々学び続けることがとても大切です。ですが、学び方には大切なポイントがあります。

たとえば、それなりにお金を払ってビジネススクールに通う方もいれば、YouTubeの起業セミナーチャンネルなどをチェックされている方もいると思います。

しかし、とくに情報や知識を得る際には「無料」にばかり頼るのは避けましょう。

今回は、なぜ「無料」に頼らず、プロから学ぶことが目標達成への近道であるかについてお話しします。

まず、「無料」には無料の理由があります。

インターネット上には、無料で利用できる情報や学習ツールがたくさんありますが、それらの多くは質にばらつきがあり、必ずしも最新で正確な情報が得られるとは限りません。

また、無料で手に入る情報はだれにでも手に入るもので、それを使ってほかの起業家と差をつけるのは難易度が高いです。

さらに、無料の情報に頼ることで、貴重な時間をムダにするリスクもあります。起業家にとって、時間はとても大切な資源です。

もし、プロからの指導やコンサルティングを受けることで、数時間で解決できる問題が、無料の情報を探すことで数日かかるとしたら、その差は大きいです。

使ったお金は、あとで稼ぐことができます。ですが、過ぎてしまった時間はもう二度と取り戻せません。

「時間をお金で買う」という考え方は、事業主として重要なマインドセットです。

また、プロから学ぶ際には、知識だけでなく、経験やノウハウを直接得ることができます。

プロが提供する有料のセミナーやコンサルティングは、その分野で成果を上げている人々の実際の経験にもとづいており、実践的で効果的なアドバイスが得られます。

これは無料の情報では得られない大きな価値です。

「お知恵をお借りします」といった形で、プロに無料でアドバイスを求めるのは、じつはあまりよくないことです。

なぜなら、プロが提供する知識やスキルは、その人が長年の経験と努力で身につけたものです。それを軽々しく「借りる」ことは、相手の価値を軽んじる行為になると言えます。

また、借りた知識やアドバイスに対して適切にお返しができなければ、その関係は続かず、信頼を失うことにもつながります。

知恵はしっかりと対価を払って得ましょう。

プロからの指導やコンサルティングに対して正当な対価を支払うことは、自分自身への安心できる投資です。

自分のビジネスをより早く発展させるために、時間をお金で買うという考え方を持つことで、より効率的に、そして確実に成果を得ることができます。

プロから学ぶことは、目標達成への近道であり、長い目で見ればとても価値のある投資になるでしょう。

5

人からの評価を気にしないで

新しいことをはじめるとき、どうしてもほかの人の目が気になって、なかなか行動に移せないことがあります。

「こんなことをしたら、変に思われるのではないだろうか？」とか「だれかに迷惑だと思われたらどうしよう？」という不安は、だれでも感じるものです。

しかし、この不安にとらわれすぎると、本当に大切なことが見えなくなったり、できなくなったりしてしまいます。

まず、**自分の目標を大切にする**ことが何よりも重要です。

あなたが何を目指しているのか、どんなビジネスをつくりたいのかをしっかりと考え、それを軸に行動を決めていきましょう。

ビジネスの成功は、あなた自身の目標に向かって一歩ずつ進んでいくことからはじまります。

多少の批判や否定的な意見があっても、自分の道を信じて進んでください。

次に、**人の意見はあくまで「参考」にするだけ**にしましょう。

まわりの人からのアドバイスや意見は、時にはとても役立つこともありますが、それに振り回されすぎないようにすることが大切です。

人の意見はあくまで「一つの考え方」に過ぎません。いろんな人がそれぞれの都合で、好き勝手に言ってきます。

矛盾することも多いので、すべてを取り入れるわけにもいきません。

まずは素直に聞いてみて、それから自分自身で考えて決めるようにしましょう。最終的にどうするかを決めるのは、ほかのだれでもなく、あなた自身です。

余談ですが、実際のところ、お客様の要望ですら、すべてに応える必要はありません。無理をすると、サービスの質が下がることもあります。

自分たちの強みを大切にし、対応すべき要望をしっかり選びましょう。


さらに、**自分の価値を知り、それを信じる**ことが大切です。

あなたが提供する商品やサービスには、必ず価値があります。その価値を信じて、ほかの人の評価に左右されずに、しっかりと自分のビジネスを進めていきましょう。

世の中には、カレーやハンバーグが苦手な子どもがいるように、あなたのビジネスに対して全員が賛成するわけではありません。それでいいのです。すべての人に好かれることは不可能ですし、無理にそうしようとする必要もありません。


それでも、「どうしよう……」と不安になったときは、「どうもしません!」と心の中でつぶやいてみてください。

実際のところ、どうしようもないのです。ほかの人の感情や反応は、こちらでコントロールできるものではありません。

どんなにがんばっても、すべての人に賛成されたり、好かれたりすることはできません。そこを無理に変えようとしても、結果は変わりません。

だからこそ、自分の考えや意見をしっかり持ち、その考えを言葉にして表現することが大切です。

他人の評価を気にしすぎず、自分の信じる道を歩むこと。他人の反応に左右されずに、自分の信念にしたがって行動しましょう。

今やっているのは「あなたのビジネス」で、今進んでいるのは「あなたの人生」です。

6

変化も気にしない。むしろ自分から変わろう

起業するとき、それはただ新しい仕事をはじめる以上の意味を持ちます。

とくに女性がビジネスを立ち上げると、自分自身やまわりの人たちとの関係にも大きな変化が生じることがあります。

たとえば、**今までの友だちとの関係性が変わることもその一つ**です。

ビジネスで成功するためには、ビジネスをする人としての新しい考え方（事業主としてのマインドセット）が必要です。これには、リスクをおそれずにチャレンジする勇気や、いつも新しいことを学ぶ姿勢などを含みます。

ものごとの優先順位も変わります。これらの新しいスキルと考え方が、友人関係にも影響を及ぼすことがあります。

たとえば、今までと同じように考える友だちとは、少し距離ができてしまうかもしれません。安定を求める友だちには、あなたがリスクを取る姿勢が理解されにくくなることがあります。

また、時間の使い方も変わってくるので、会うペースや連絡の頻度も少なくなることがあります。

これは、あなたが何か間違っているわけではありません。むしろ、あなたが成長している証拠なのです。

少しさびしいかもしれませんが、これも起業するときによくあることです。

大切なのは、この変化を成長として受け入れることです。その代わりに、事業を通して、新しい目標や考えを持つ新しい友だちに出会うこともあります。

この人たちが、あなたのビジネスの困難を理解し、支えてくれることが多いです。

そして、家族への関わり方も変わります。

私がいちばん変わったのは、子どもたちへの接し方でした。

事業主としての考え方で必要なものの一つに「影響の輪」という概念があります。

これは、スティーブン・R・コヴィーの著書『7つの習慣』（キングベアー出版）で紹介されているものです。

言動や性格、ものごとの受け取り方など、自分がコントロールできる範囲を「影響の輪の中」、これに対して、自分のコントロールできない天気や結果や他者のことは、「影響の輪の外（関心の輪）」と呼ばれます。

この区分けができるようになると、子どもをコントロールしなくなります。言うことを聞かない子どもにガミガミ言う必要がなくなるので、子育てが格段に楽になります。

この変化を楽しむことができれば、ビジネスはさらに充実したものになります。**自分自身が進化する過程を味わっていくことが、起業家としてのあなたを強くします。**

起業したばかりで不安を感じることは自然なことです。

しかし、その不安を可能性ととらえると、新しい自分と新しい世界が待っています。

変化をおそれず、自分から変わることで、あなたのビジネスも人生もより豊かなものになるでしょう。

7 人を惹きつけるビジョン&共感される事業理念を描く

幸せに稼ぐには、人を惹《ひ》きつけ、共感を呼ぶビジョンと事業理念が欠かせません。そして、それをビジネスに反映させることも重要です。

ところが多くの人は、これらを描いていなかったり、描いていてもしっくりきていなかったり、せっかく描いたものが事業に反映できていなかったりします。

自分のビジョンや事業理念は、起業初期にしっかりと文字化するのがおすすめです。

起業をすると、ほとんどの人がまず資格を取ったり人脈を広げようとしたり、何か武器を持とうとします。その後に行動すると幸せになる、と考えています。

しかし、実際にはこの順序は逆です。まず自分のあり方や幸せ、成しとげたいことなどを明確にし、それにもとづいて行動することで、自然と結果がついてくるのです。
これらを初期に描くと、あなたが幸せに稼げるようになる理由は二つあります。

理由①決断が早くなる

ビジョンとは、理想の状態や社会です。事業理念とは、自分はビジョン実現のために、何にこだわって、何をしていくのか。行動の起点となる判断基準です。これを明確にすることで、やる・やらないの判断が速くなります。
決断が速いと行動が速くなり、結果も早く得られます。自分の行動や決断の軸が定まり、事業がブレることなく進むようになります。

理由②「何屋さんかわからない」がなくなる

この軸があいまいだと、行動に一貫性がなくなり、他人から見ても何を目指しているのかわかりにくくなります。その結果、女性起業家によくある「何屋さんかわからない問題」が発生します。

昔の私がそうでした。手あたり次第に興味がある資格を取っていましたので、なんでもできるけど、とくに「これの専門家！」とは言えませんでした。

何屋さんかわからないと、いざというときに思い出してもらえませんし、信頼を得られず、事業も成功しにくくなります。

ビジョンと事業理念を描くときの注意点もお伝えします。
それは「自分の内面にある欲望や価値観に忠実であること」です。

腹黒、大歓迎！

多くの場合、「こんなこと言ったらダメかな」「こんなのできないかも」と、他人目を気にしたり、できそうな範囲での社会貢献や理想的な姿を描こうとしたりしがちです。

しかし、それでは表面的な理念にとどまり、心の奥からの情熱を引き出すことはできません。

自分が本当にやりたいこと、自分が成しとげたいビジョンは、他人の目を気にせずに描きましょう。

せっかく文字にしてみても、なんだかしっくりこない、なんだかワクワクしない、というのは、欲望にふたをして描いているからです。

自分が何を社会に提供したいのか、そのためにどのような価値を与えたいのかを明確にすると、それにもとづいた商品やサービスを提供することができます。

また、ビジョン実現には、お金が必要。夢物語で終わらせないためにも稼ぐ必要があります。

あなた自身のために、しっかり稼ぎましょうね。

8

まずは「ポジショニング」をしっかり固める

起業していく中で、「ブランディングが大切だよ」とよく耳にしませんか？

たしかに、ブランディングは、お客様にどんなイメージを持ってもらうかを決める大切な要素です。

しかし、ブランディングには時間がかかります。なぜなら、あなたに対してどんなイメージを持つかは、お客様が決めることだからです。

すぐに結果が欲しいとき、まず取り組むべきことがあります。それが「ポジショニング」です。

ポジショニングは少し聞き慣れない言葉かもしれませんが、簡単に言うと「市場の中で自分のビジネスの立ち位置を決めること」です。これを決めると、ビジネスの方向性がぐっと見えやすくなります。

しかも、ポジショニングは自分で決められるので、今すぐにでも実行可能です。

ポジショニングとブランディングは、それぞれの目的が異なります。

ポジショニングは、どんなお客様に向けて、どんな価値を提供したいかを明確にし、自分の商品やサービスが競合とどう違うかをはっきりさせることです。

たとえば、スターバックスがほかのカフェとは異なり、「くつろぎの場所」としてアピールしているのがよい例です。

このように、ポジショニングはお客様に「なぜ選ばれるべきか」を伝える理由になります。

一方、ブランディングは、あなたや商品のイメージや個性をつくり上げることです。テーマカラーを決めたり、インスタグラムの見た目をととのえたりするだけがブランディングではありません。

たとえば、Appleは「シンプルで革新的な技術」をつねに打ち出しており、これが「Appleらしさ」をつくっています。

お客様に信頼され、長く愛されるためには、こうしたイメージづくりが大切です。


つまり、**ポジショニングは「選ばれる理由をつくる」ため、ブランディングは「長く愛される」ための戦略**です。

そして、ブランディングは、しっかりとしたポジショニングがあってこそ生きるものです。

どちらも大切で、うまく活用することで、あなたのビジネスはもっと多くのお客様に選ばれるようになります。


もし、今「ブランディングに力を入れなきゃ」と思っているなら、一度立ち止まって考えてみてください。

まずはポジショニングを見直しましょう。

市場の中で、あなたのビジネスがどんなお客様にどんな価値を提供できるのか、そしてなぜお客様はあなたを選ぶべきなのかをしっかりと考えてください。

ポジショニングを固めることで、ブランディングの効果がぐんと上がっていきます。

さらに、**ポジショニングのいいところは、状況に応じて柔軟に変えられること**です。

市場やお客様のニーズが変わっても、ポジショニングを調整すれば、いつでもビジネスの方向性を保つことができます。

この柔軟性こそが、成功への近道です。

9

売上よりも利益に目を向けよう

売上よりも手元に残るお金が大切ということは、本書の中でも繰り返しお話ししてきました。本章の最後に、数字が苦手な方でもわかるように、利益をどうやって分析するかを説明します。

POINT①まずは「粗利益」から考えよう

いきなり難しそうな単語が出てきました。でも心配はいりません。売上から商品をつくったり仕入れたりする費用を引いた残りの金額のことです。1000円で売った商品が、材料費や仕入れに700円かかったとしたら、残りの300円が粗利益です。

ＰＯＩＮＴ②「営業利益」も考えよう

営業利益は、粗利益から運営するための費用、たとえば家賃や広告費、人件費などを引いた残りの金額です。「いくら使って、いくら残ったか」を見てみるといいでしょう。営業利益がプラスになっていれば、ちゃんと利益が出ているということです。

ＰＯＩＮＴ③「固定費」と「変動費」って？

固定費と変動費は、費用を二つに分けたものです。

固定費は、売上に関係なく毎月決まって出ていく項目のお金です。毎月かかる家賃や電気代などがこれに当たります。多少の金額の上下があるので変動費と思いがちです。

変動費は、売上に応じて増えたり減ったりするお金です。たとえば、商品の材料費や仕入れ費用などです。３個売ったら材料費も３個分かかる、ということです。

これらを把握することで、どれだけ売上があっても必ず必要なお金と、売上に応じて変わるお金を見極めることができます。ムダな固定費を減らすと、利益が増えやすくなります。

POINT④「利益率」を見てみよう

売上1000円のうち、300円が利益だったら利益率は30％です。この数字が高いほど、効率的にお金が残っているということです。

POINT⑤「キャッシュフロー」を忘れずにチェックしよう

利益が出ていても、手元にお金がないとビジネスを続けるのが難しくなります。材料を仕入れる、サービスを提供する、代金が振り込まれる……それぞれには時間差があります。

毎月のお金の動きを見て、現金に余裕があるかどうかを確認すること、すなわち「キャッシュフロー（お金の出入りの流れ）」を把握することが大事です。

POINT⑥最後に「利益計画」を立てよう

利益を意識してビジネスをするために、毎月どれくらいの利益を出したいか目標を決めましょう。その目標に向かって、どんなことができるか考えます。

たとえば、商品の値段を見直したり、ムダな経費を減らしたりして、計画的に利益を増やしていきます。

売上よりも利益に目を向けることで、ビジネスの本当の健康状態が見えてきます。お金の健康診断をしながら、これからも楽しみながら、あなたのビジネスを育てていってくださいね。

おわりに～とにかく世界を広げよう！

最後までお読みいただき、ありがとうございます。本書でお伝えした内容が、あなたのビジネスや人生に少しでもお役に立てれば幸いです。

まず、この本の出版にあたり、すべての方々に心から感謝を申し上げます。

編集者の丑久保和哉さん、出版全般をサポートしてくださった吉田幸弘先生。お二人のお力添えがなければ、この本は形になりませんでした。いつも的確なアドバイスをいただき、出版に関する多くの知識を共有してくださったおかげで、無事にこの本をお届けすることができました。

これまでの道のりを支えてくださった方々にも、感謝の気持ちを込めて。

コンサルタントとしての道を一から教えてくださり、いつも相談に乗っていただいた遠藤晃先生、和仁達也先生。お二人からいただいたアドバイスや知識が、私の基盤となっています。

さらに、ビジネスの基礎や起業の本質を教えてくださった叶理恵先生。先生から学んだことが、今の私の事業の大切な軸となっています。

また、起業のきっかけとスキルアップの場を提供してくださった立石剛先生にも感謝いたします。先生のご指導のおかげで、私のビジネスは大きく成長しました。

実践的な営業を通して、つねに新しい世界を見せてくださるビジネスパートナーの葛石晋三さんにも。葛石さんのアプローチから学んだことは、挑戦をおそれず前へ進む勇気となっています。

そして、いつもいちばん近くで応援してくれるチームＩＴＡＤＡＫＩのメンバー、塾生のみんな、ビジネス女子仲間たち。あなたたちの存在が、私の原動力です。

ここには書ききれないほどの多くの方々の支えがあり、今の私が成り立っています。

本当にありがとうございます。

振り返ってみると、私の世界が広がったからこそ、事業も軌道に乗ったのだと感じます。普通の専業主婦が一歩踏み出すことで、新しい人と出会い、新しいことに挑戦し、新しい視点を持つことで、人生が大きく変わりました。

だからこそ、本書をお読みのあなたにも「とにかく世界を広げること」を意識してもらいたいのです。

私の事業でのこだわりは、「人生の転機となる気づきと学びの場を提供すること」です。これからあなたの世界が大きく変わり、新たなステージへと進む、そのストーリーの小道具として、この本がそっと寄り添えたら、これ以上の喜びはありません。

これからも、ともに成長し続けましょう。そして、あなたのビジネスがさらなる飛躍を遂げることを、心から応援しています。

起業家育成コンサルタント 吉田淑恵

巻末プレゼントのご案内

本書をお読みいただいたあなたは、「やるべきことや順番はわかったけど、具体的に自分は何をすればいいのかわからない！」と思われたかもしれません。

そんなあなたのために、ビジネスのステップアップに役立つ特別なダウンロードコンテンツをご用意しました（下記のURLや二次元コードをお使いください）。これらのシートを使って、あなたのビジネスをつくるプロセスをしっかりとサポートします！

1. 年商350万円を達成するまでの手順とするべきことがわかる「起業サクセスロードマップ」：目標達成までの具体的なステップとやるべきことが一目でわかるロードマップです。
2. 書いてすっきり「思考整理シート」：頭の中のアイデアを整理し、次のステップへ進むためのシートです。
3. 自分の強みを見つけてステップアップ！ 「強みの棚卸しワーク」：あなた自身の強みを再確認し、高額商品の軸をつくりましょう。
4. 大切なお客様を見逃さない！ 「ご贔屓さん発見シート」：理想のお客様を見つけてビジネスを成功させるためのヒントが詰まったシートです。
5. あなただけの商品をつくり出そう！ 「オリジナル商品コンセプト設計シート」：自分だけのオリジナル商品を生み出すためのコンセプトをしっかり設計します。
6. お金の流れをしっかりチェック！ 「キャッシュフロー確認シート」：収益と支出のバランスを確認し、ビジネスの健全な運営をサポートします。

これらのシートの使い方を解説した「7日間無料メール講座」をご用意しました。今すぐ受講して、商品づくりの第一歩を踏み出してください。あなたのビジネスを次のステージへと押し上げましょう！

https://aoten-consulting.com/book1-present/

■著者プロフィール

吉田 淑恵（よしだ よしえ）

AOTENコンサルティング合同会社代表、起業家育成コンサルタント。

14年間の専業主婦の末、ハンドメイドの協会認定講師の資格を取り起業。さまざまな認定資格を取り続け13種類の資格を持つも、月商3万円にも満たずに長く低迷。その後、起業塾を経て、医療・介護業界向けの人が辞めない職場創りのコミュニケーション研修プログラムを開発。数多くの法人・個人と契約し、コンサルティングや研修を実施。起業家の相談に乗るようになる。

さらに、女性起業家を対象としたオンライン起業塾を開講。初年度から年商1700万円達成。4年間で13期開講。ビジネス未経験者、いくつも起業塾に通ってもダメだった人も成果を上げられ、受講生の目標達成率、投資回収率は80%を超える。

コミュニケーション講師のキャリアを生かし、顧客とともに成長する心理セールスマーケティングの仕組み「ピタゴラセールス」を提唱。コンサルティングのほかに、セミナー・コンテンツ作成・セールスライティングなどもおこなっている。

さよならSNS《エスエヌエス》集客《しゅうきゃく》
350万円《まんえん》の壁《かべ》をこえる
女性《じょせい》起《き》業《ぎょう》家《か》がやっていること

発行日　2024年11月 8日　　第1版第1刷

著　者　吉田《よしだ》　淑恵《よしえ》

発行者　斉藤　和邦
発行所　株式会社　秀和システム
〒135-0016
東京都江東区東陽2-4-2　新宮ビル2F
Tel 03-6264-3105（販売）Fax 03-6264-3094
印刷所　三松堂印刷株式会社　Printed in Japan

ISBN978-4-7980-7334-7 C0034

定価はカバーに表示してあります。

乱丁本・落丁本はお取りかえいたします。

本書に関するご質問については、ご質問の内容と住所、氏名、電話番号を明記のうえ、当社編集部宛FAXまたは書面にてお送りください。お電話によるご質問は受け付けておりませんのであらかじめご了承ください。